Rainer Christian Ertel

Die Vögel von Remseck
im Großraum Stuttgart

Für Margret

Copyright/Impressum:

ISBN 978-3-935980-15-9

Die Deutsche Bibliothek – CIP
Einheitsaufnahme

EinTiteldatensatz für diese Publikation ist bei
Der Deutschen Bibliothek erhältlich.

© 2012 Dr. Rainer Ertel
Wacholderweg 9
D–71686 Remseck
ertel-mara@t-online.de

Satz/Design/Herstellung:

**Fauna Verlag
Dr. Matthias Schliermann
Nachtigallengrund 11
D–48301 Nottuln
info@faunaverlag.de
www.faunaverlag.de**

Printed in Germany
Druck: Druckhaus Tecklenborg, Steinfurt

DIE VÖGEL VON REMSECK
- im Großraum Stuttgart

Inhaltsverzeichnis

In englischsprachigem Raum genießt Vogelbeobachtung so eine Beliebtheit, man könnte sie einen Volkssport benennen.

22% aller Amerikaner betrachten sich als Vogelbeobachter und 6 Millionen Briten beobachten Vögel mindestens alle zwei Wochen. Und warum auch nicht? Vogelbeobachtung heißt spazierengehen mit zusätzlichem Ziel, hat den Reiz der Jagd ohne das Töten, und betätigt Beine und Gehirn.

Vogelbeobachtung ist im englischsprachigen Raum auch dabei eine Volkswissenschaft zu werden. Mit Citizen Science Aktivitäten wie das Christmas Bird Count (Weihnachtserfassung) oder Big Garden Bird Watch (Gartenerfassung) liefern Amateure Daten, die wissenschaftlich sehr bedeutsam sind.

Diese volkswissenschaftliche Welle hat jetzt auch Deutschland erreicht, was passend ist, denn über 100 Jahre lang war Deutschland ein führendes Land der Ornithologie. Mit NABUs Stunde der Gartenvögel können Laien jetzt einen wissenschaftlichen Beitrag leisten. Seit 2011 kann man Beobachtungen unter www.ornitho.de eingeben. Sie bilden zusammen mit allen anderen Meldungen aus Deutschland eine Datenbank, die wissenschaftlich ausgewertet wird. Allein im Jahr 2012 haben über 6000 Amateure in Deutschland mehr als 2 Millionen vogelkundliche Daten im Internet eingegeben, was in anderen Wissenschaften nicht denkbar ist. Dadurch ist die Vogelkunde zusammen mit der Astronomie die Wissenschaft, in der Laien eine ganz entscheidende Rolle spielen.

Mit diesem Buch liegt in Ihrer Hand ein mehrfacher Schlüssel. Möchten Sie wissenschaftliche Beiträge erbringen? Dieses Buch öffnet die Tür zu einer Welt voller Entdeckungen, die man im Internet melden kann. Möchten Sie Ihre Spaziergänge mehr genießen? Dieses Buch ist die Landkarte für eine Schatzsuche. Alles, was Sie brauchen, ist ein Fernglas und die Bereitschaft, Spaß zu haben. Denn die Natur im Großraum Stuttgart hat mehr zu bieten, als sich die meisten Laien träumen lassen.

Ann Marie Ackermann

US Amerikanerin und
ehemalige Regionalkoordinatorin für die Sammlung
ornithologischer Daten im Kreis Ludwigsburg

Es war 1996 die Idee des langjährigen Bürgermeisters von Remseck, Peter Kuhn, ein Doppel-Heft der Heimatkundlichen Schriftenreihe der Gemeinde Remseck am Neckar über die Vögel des Gebietes zu erarbeiten. Auch aus finanziellen Gründen mußte das Projekt immer wieder aufgeschoben werden.

Das führte schließlich dazu, daß die Publikation jetzt als kleines Buch erscheint und nicht nur für Remseck, sondern für einen größeren Raum Informationen über die Vogelwelt anbieten soll. Es ist dabei nicht beabsichtigt, Fachkollegen und Insider mit neuen Fakten zu versorgen. Eine wissenschaftlich wichtige Veröffenlichung über die Vogelwelt des Landkreises Ludwigsburg gibt es seit 1996 (Anthes & Randler). Das dort verwendete Datenmaterial ist zum größeren Teil auch heute noch gültig. Die Bestandsangaben habe ich daher übernommen, allerdings da und dort mit Fragezeichen versehen, weil grobe Kontrollen vermuten lassen, daß einzelne alte Bestandsangaben nicht mehr aktuell sind, leider!

Das vorliegende Buch richtet sich vielmehr an Laien und Anfänger. Auf der Hochfläche von Aldingen kann man beispielsweise im Sommer immer wieder Rotmilane kreisen sehen, einer der eindrucksvollsten Greifvögel in Europa. Diesen Vogel lebendig kreisen zu sehen kann sicher mit dem Anblick exotischer Adler auf der Fernseh-Mattscheibe konkurrieren. Ebenso ist es mit dutzenden anderer, oft farbenprächtiger einheimischer Vogelarten, die man mit wenig Mühe „vor der Haustür" beobachten kann. Eine Vorausetzung dafür - ein Fernglas - ist meistens leicht zu erfüllen, sie liegen zu tausenden unbenützt zuhause! Farbfotografien, die nicht in Finnland, Spanien oder Griechenland entstanden sind, sondern die nach Möglichkeit Fotografen vor Ort erarbeitet und zur Verfügung gestellt haben, sollen anregen, die einheimische Natur selbst erleben.

Da wir in einer Demokratie leben, entscheidet auch die demokatische Mehrheit, ob und wieviel Natur in unser Nachbarschaft erhalten bleibt oder durch Renaturierung wiedergewonnen wird. Und ich denke, wer sich einmal mit eigenen Augen Eisvögel, Rebhühner oder gar Neuntöter, Steinkäuze und Nachtreiher angesehen hat, der wird sich eher für die Natur engagieren als die, für die sich die Schönheit der Natur nur in Büchern, Filmen oder im Fernsehen offenbart.

Rainer Christian Ertel

Remseck, Oktober 2012

Hinweise für den Leser

Die herausragenden Bestimmungsführer (S. 10) für die Vogelwelt Europas (Nordafrika und West-asien wird meistens mitbehandelt), haben für den Anfänger den Nachteil, daß sie etwa 750 oder mehr Vogelarten behandeln, die zwar alle schon einmal in der Westpaläarktis nachgewiesen worden sind, von denen man aber in unserem Raum viele nie oder fast nie antreffen kann. In unserem Raum sind etwa 270 Vogelarten festgestellt worden, von denen die mit

 einem Star gekennzeichneten 34 Arten grundsätzlich an jedem Tag des Jahres im passenden Lebensraum ohne große Mühe beobachtet werden können, so etwa Amsel, Stockente, Rabenkrähe oder Goldammer.

 die mit zwei Staren gekennzeichneten 48 Arten können zur passenden Jahreszeit und im im passenden Lebensraum ohne große Mühe beobachtet werden, so etwa Rauchschwalbe und Hausrotschwanz im Sommer sowie Reiherente und Saatkrähe im Winter.

 die mit drei Staren markierten 76 Arten sind schwieriger zu beobachten. Erfahrene Beobachter werden einige Arten wie Braunkehlchen vielleicht alljährlich sehen, andere auch nur alle 3 Jahre wie etwa die Kornweihe.

 die mit 4 Staren markierten 113 Arten sind noch seltener und oft herausragende „Sehenswürdigkeiten", die man bei uns grundsätzlich nie erwarten kann. Sie zeigen, welche Vielfalt es vor unserer Haustür gibt.

Das bedeutet, daß die mit einem oder zwei Staren gekennzeichneten 82 Arten innerhalb eines Jahres von jedem beobachtet werden können, während es danach schwieriger ist und ein wenig Glück bedarf 100 Arten oder mehr auf seiner Beobachtungsliste anzusammeln.

R	Fotos aus Remseck oder dem Großraum Stuttgart
🌍	Fotos aus aller Welt
Neozoen	Fremdländische, eingeführte Tierarten (in dieser Farbe)

Ausgestorben

Vom Riesenalk wurde im Jahr 1844 auf Island das letzte Exemplar erschlagen, er wurde aus-gerottet, er ist ausgestorben. Nie wieder wird man sehen können, wie so ein Vogel schwimmt und taucht. Vogelarten, die bei uns nicht mehr vorkommen, leben aber in anderen Ländern und können zurückkehren, so wie in den letzten Jahren Weißbartseeschwalbe und Triel als Brutvögel zurückgekehrt sind. „Extinction is for ever", sagen die Engländer und deshalb verwende ich die Formulierung „ausgestorben" nicht, solange noch Hoffnung besteht.

Topographie

Scheitelstreif
Bekassine

Überaugenstreif
Rotdrossel

Augenstreif
Sommergoldhähnchen

Ohrfleck
Lachmöwe

Lidring
Flußregenpfeifer

Augenring
Schwarzkopfmöwe

Bürzel
Mehlschwalbe

Handschwingen
Kornweihe

Armschwingen
Rotschenkel

Achseln
Kiebitzregenpfeifer

Unterflügeldecken
Würgfalke

Unterschwanzdecken
Teichhuhn

Schwanzkanten
Stockente

Schwanzbinden
Sperber

Anleitung zur Vogelbeobachtung

Vögel am Futterhaus

Ob das Füttern der Vögel im Winter ökologisch sinnvoll ist, soll hier nicht diskutiert werden. Fest steht: es macht Spaß und es ist die einfachste Möglichkeit, das Aussehen und die Verhaltensweisen unserer häufigsten einheimischen Vogelarten aus nächster Nähe kennenzulernen. Besonders vielfältig sind die gefiederten Besucher, wenn man neben Sonnenblumenkernen auch Fettfutter an den Futterplätzen anbietet.

Drei Dinge braucht man

Das wichtigste Hilfsmittel bei der Vogelbeobachtung ist ein Fernglas. In aller Regel sind Standardgläser mit den Bezeichnungen 8x20 bis 10x40 gut ausreichend. Auch preiswerte Ferngläser - etwa von Kaffeeröstern angeboten - können helfen. Und ein Tipp: tausende Spitzengläser schlummern ungenutzt in Schränken. Oft kann man sie als „second-hand-Gerät" preiswert erwerben.
Als Bestimmungsbuch sollte zunächst *„Vögel von Remseck"* mehr helfen als verwirren. Wer danach auch in den Alpen oder an der Nord-

see Vögel beobachten will, wird sich ein umfangreicheres Bestimmungsbuch wünschen. Um sich irgendwann zu merken, wann bei uns die ersten Nachtigallen singen oder die letzten Schwalben fliegen, ist ein Tagebuch dringend zu empfehlen. Wer sich alle beobachteten Arten notieren will, der kann auch Beobachtungslisten benützen, wie sie die ORNISchule in Zaberfeld (www.ornischule.de) und der NABU Osterrode (www.nabu-osterode.de) anbieten.

Die richtige Jahreszeit

Die beste Zeit mit dem Vogelbeobachten zu beginnen ist November. Die Zugvögel haben uns verlassen. In Wohngebieten, Gärten und im Wald ist die Zahl der Vogelarten kleiner und übersichtlicher. Die Laubbäume sind kahl. Die Vögel können sich da weniger gut verstecken. Bis im März die ersten Zugvögel bei uns ankommen, kann man mit den häufigsten Arten schon etwas vertraut sein. Natürlich kann man zu jeder Zeit im Jahr oder am Tag interessante Vogelbeobachtungen machen.

Wie groß war der kleine grüne Vogel?

Mit den Fingern angedeutet scheint der Vogel nur 6 Zentimeter groß gewesen zu sein. Im Buch steht aber für den Fitis 10 bis 12 cm. Das liegt daran, daß man nur tote, präparierte Vögel wissenschaftlich korrekt messen kann. Die Ergebnisse erscheinen dann durchaus unglaubwürdig. Sinnvolle Größenangaben über lebendige Vögel sollten daher immer im Vergleich mit bekannten Vögeln gemacht werden: „knapp amselgroß" oder „deutlich größer als eine Krähe".

Das Fernrohr oder Scope

Der „Ehrenkodex"

Wenn man jung und begeistert ist, schlägt man auch mal über die Strenge. Dann wird man sich auch einmal überlegen, ob man über einen Zaun steigt oder über ein frisch eingesätes Feld läuft, weil man hofft, dann einen bisher vergeblich gesuchten Vogel zu sehen. In den letzten Jahren wurde ein Ehrenkodex entwickelt (**club300.de**), der verhindern soll, daß auch und gerade besonders begeisterte Vogelbeobachter die Regeln nicht einhalten. Das kann besonders engagierte Beobachter schnell in Verruf bringen und zu unnötigen Verboten für die Gemeinschaft der Vogelbeobachter führen. Besonders in Brutgebieten gefährdeter Vogelarten müssen die Beschränkungen eingehalten werden. Darauf sollte man von Anfang an streng achten.

Viele Vögel sind so klein und scheu, daß man sie mit einem Fernglas nicht gut genug sehen kann. Auch wenn es zunächst unnötig ist, so werden sich Vogelbeobachter, die sich diesem Hobby intensiver zuwenden wollen, irgandwann überlegen, ob sie sich ein Fernrohr - englisch scope - zulegen sollen. Das ist keine billige Angelegenheit, weil auch das erforderliche Stativ viel Geld kostet. Es lohnt sich nur, wenn es dauerhaft genutzt wird.

Vögel beobachten heißt auch Vögel hören

Einen Vogel sehe ich nur, wenn er sichtbar ist und ich auch hinschaue. Einen Vogel kann ich aber auch hören, wenn er im Schilf oder im Wald versteckt ist und ich mich eigentlich mit jemandem unterhalte. Vogelstimmen solide zu lernen dauert wenigstens 2 bis 5 Jahre. Und der Erfolg ist abhängig von den Bemühungen und der entsprechenden Begabung. Da man sich die Vogelstimmen heute aber oft genug über einen CD- oder MP3-Player anhören kann, ist das Lernen heute einfacher geworden. Einige entsprechende CDs sind nachstehend aufgelistet (Literatur).

Weiterführende Literatur

Der Kosmos Vogelführer - Alle Arten Europas, Nordafrikas und Vorderasiens
Kilian Mullarney, Dan Zetterström, Larry McQueen und Lars Svenssom (2011) Kosmos

Was fliegt denn da? - Der Klassiker: Alle Vogelarten Europas
Peter H.Barthel und Paschalis Dougalis (2009) Kosmos

Die Vögel Europas und des Mittelmeerraumes
Lars Jonsson und Peter H. Barthel (2010) Kosmos

Die Vögel im Landkreis Ludwigsburg
Nils Anthes und Christoph Randler (1996) Orn. Jahreshefte B.-W.

Taschenlexikon der Vögel Deutschlands
Hans-Joachim Fünfstück, Ingo Weiß und Andreas Ebert (2009) Quell & Meyer

Das Kompendium der Vögel Mitteleuropas
Hans-Günther Bauer, Einhard Bezzel und Wolfgang Fiedler (2011) Aula

VÖGEL IN DEUTSCHLAND 2007 - 2008 - 2009 - 2010 - 2011
Nachrichten über die Situation der Vogelwelt in Deutschland DDA

Vogelstimmen an Volksmundversen erkennen
Klaus Philipp (1998) FAUNA

TONTRÄGER:

Vogelstimmen erkennen
Gesänge und Rufe von 75 heimischen Arten von Andreas Schulze (Juni 2011) blv

Die Vogelstimmen Europas, Nordafrikas und Vorderasiens
Schulze, A. & K.-H.Dingler (2007) . Edition Ample

Die Vogelstimmen Europas
Rufe und Gesänge von 396 Vogelarten von Jean C. Roche (2009) - Audiobook

Ornithologie 2012

Ein Schelladler, in ganz Deutschland eine Riesenrarität, fliegt immer wieder von Litauen, wo er brütet, quer durch Europa an die Costa Brava und zurück. Er heißt „Tönn" und keiner in Deutschland sieht ihn. Woher weiß man das? Dieser Schelladler ist telemetriert, das heißt man hat an ihm einen kleinen Sender angebracht, dessen Signale von einem Satelliten empfangen und ausgewertet werden. Daraus ergibt sich unstrittig seine Route nach Spanien und zurück.

www.5dvision.ee

Das ist ein Beispiel für die Ornithologie im 21. Jahrhundert. Andere Beispiele sind die zahlreichen Meldungen, die jetzt von etwa 6000 Meldern in Deutschland über ornitho.de im Internet eingegeben werden. Diese Informationen können innerhalb eines Tages publik machen, daß Zugvögel aus Skandianvien in einem Jahr früher und in größerer Zahl als üblich ihre Wanderungen nach Süden angetreten haben. Auch Bestandsveränderungen gefährdeter Brutvogelarten werden schon während der Brutzeit erfaßt und können in anderen Gebieten im gleichen Jahr überprüft werden.

www.ornitho.de

Sind die Meldungen eigentlich verläßlich? Natürlich werden da und dort Fehler gemacht. Und man kann auch nicht immer ausschließen, daß sich jemand mit der Meldung einer Rarität wichtig tun will. Aber „Lügen haben kurze Beine" und irgendwann kennt man seine „Pappenheimer". Schließlich werden die meisten Raritäten nicht nur fotografiert, sondern auch von mehreren Beobachtern bestätigt. Wer seine Raritäten regelmäßig nur allein sieht und keine Belegfotos (S. 14) vorweisen kann, wird irgendwann unglaubwürdig. Auch werden alle Meldungen durch Regionalkoordinatoren auf ihre Plausibiliität geprüft, so daß „die Spreu vom Weizen" meistens getrennt werden kann.

Auch um Gleichgesinnten die Möglichkeit zu bieten, einen besonders seltenen Vogel anzuschauen, werden im Internet vom club300. de Hinweise auf anwesende Seltenheiten in Deutschland täglich aktualisiert. Wenn man also ohnehin eine Reise nach Hamburg macht, kann man sich überlegen, ob man wegen eines seltenen Vogels auch noch einen Abstecher nach Fehmarn macht. Ist der Vogel abgezogen kommt eine coldline-Meldung.

Vogelfotografie

Schwarzkehldrossel (Weibchen)

Die Vogelfotografie hat heute oft nicht das vorrangige Ziel, ein möglichst schönes und gutes Bild eines Vogels zu erhalten. Häufig geht es entscheidend darum, ein Bilddokument als wissenschaftlich überprüfbaren Beleg dafür zu erhalten, daß ein Vogel gebalzt, gebrütet, ein bestimmtes Beutetier gejagt hat oder einfach als Rarität vorhanden war. Die digitale Fotografie und das Internet führt zu faszinierenden Geschichten. Ein Engländer füttert Vögel, macht ein Bild einer Drossel und stellt sie als - relativ häufige - Rotdrossel ins Internet. Ein Ire teilt daraufhin mit, der Vogel ist keine Rotdrossel, sondern die viel seltenere Schwarzkehldrossel aus Sibirien.

Jahrzehntelang fehlbestimmte Sturmschwalben in Neuseeland werden 2003 erstmals digital fotografiert. Anhand der Fotos stellt man dann fest, daß es es sich um Neuseeland-Sturmschwalben handelt, die seit 1895(!) als ausgestorben galten.

Die digitale Fotografie hat den unendlichen Vorteil, daß man hunderte Fotos nacheinander machen kann, ohne daß man nach 36 Bildern den Film wechseln muß. Außerdem kosten die digitalen Bilder fast nichts. Schon die kleinen Kameras, nicht größer als eine Zigarettenschachtel ermöglichen erstaunliche Fotos, wenn man aus einer Beobachtungshütte fotografieren kann oder Vögel besonders zutraulich sind.

Neuseeland-Sturmschwalbe

Saatgans

Darüber hinaus gibt es heute etwas größere Kameras mit sehr leistungsfähigen Zoom-Objektiven, mit denen trotz der handlichen Größe ganz erstaunliche Ergebnisse erzielt werden können. Große SLR-Kameras (Spiegelreflex-Kameras) bieten heute auch bei Dämmerungslicht Möglichkeiten, von denen die Fotografen noch vor einem Jahrzehnt nur geträumt haben.

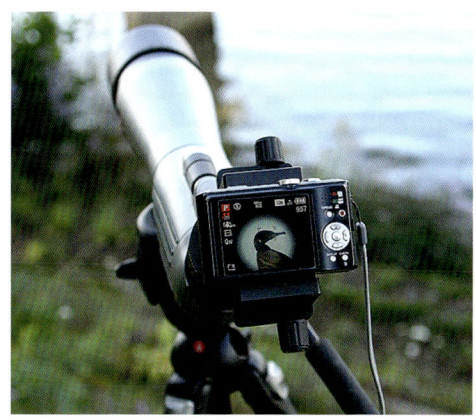

Wer sich solch eine Profi-Kamera für viel Geld zulegt, sollte allerdings nicht glauben, daß die Kamera automatisch alles richtig macht. Wer die Chancen, die ein „kooperativer" Vogel anbietet, regelmäßig nutzen will, der sollte die Möglichkeiten und Grenzen seiner Kamera genau kennen. Viele vogelkundlich sehr erfahrene Beobachter unterschätzen das und sind enttäuscht über ihre Ergebnisse. Die Superkameras lohnen sich nur, wenn man sie auch beherrscht. So ermöglichen es die besten von etwa 200 Fotos sogar, den Ring eines quirligen Sanderlings abzulesen: *Stavanger Museum Norway 8M60824 - beringt am 19. 8.2012 in Norwegen.*

Eine preiswerte und oft sehr erfolgreiche Methode Vögel zu fotografieren ist das Digiscoping. Das englische Wort ist aus „digital" und „scope" zusammengesetzt: digitale Fofafie durch das Fernrohr. Bei besonders weit entfernten Vögeln führt das Digiscoping oft zu faszinierenden Ergebnissen und ermöglicht oft erst mit einer Fotografie das Auftreten einer Seltenheit zu belegen. Wer sich also zum Kauf eines Fernrohres entscheidet, hat die grundsätzlich preiswerte Möglichkeit, mit einer kleinen Kamera teilweise großartige Tele-Fotos zu machen. Nachteil: Mit dem Fernrohr auf dem Stativ wird es allerdings nur in seltenen Fällen gelingen, fliegende Vögel zu fotografieren.

Vielfach führt die Fotografie zu einem bescheidenen Ergebnis: man nennt das ein „Beleg-Foto" oder „record-shot". 12 solcher teilweise sehr alter Belegfotos zeigen auf der folgenden Doppelseite, welche erstaunlichen Raritäten in den letzten 50 Jahren in unserem Raum festgestellt worden sind. Es sind Raritäten, die man kaum glauben möchte, würde man es nicht mit eigenen Augen überprüfen können.

Schwarzstorch – *Hochdorf, Aug. 2010*

Blauracke – *Bottwartal, Mai1963*

Triel – *Kornwestheim, Aug. 2002*

Eiderente – *Deizisau, Nov. 1971*

Fischadler – *Offenau, Sept. 2012*

Regenbrachvogel – *Aldingen, Apr.. 2008*

Rothalstaucher – Ludwigsburg, Aug. 1973

Alpensegler – Ludwigsburg, Sept. 1965

Wachtelkönig – Ludwigsburg, Okt. 1972

Eisente – Altbach, Jan. 1971

Purpurreiher – Aldingen, Mai 1996

Kranich – Aldingen, Nov. 1996

15

Renaturierung am Römerteich – Stämmeteich

Die Aldinger Hochfläche ist aufgrund der intensiv betriebenen Landwirtschaft ökologisch nicht besonders hoch zu bewerten. Laufkäfer, Bläulinge oder Wechselkröten findet man dort schon lange nicht mehr.

offenbar sehr verlockend. Dutzende Steinschmätzer rasten dort alljährlich. Außerdem sind die Steinhaufen bevorzugte Sitzplätze für Mäusebussarde, Turmfalken, Feldlerchen und Schafstelzen. Auf der naturnahen Wiese haben schon Kornweihen und Waldohreulen Mäuse gejagt. Und im Bereich dieser Fläche brüten alljährlich Rebhühner und Schafstelzen. All das ist ein bemerkenswerter Erfolg.

Entsprechend ist sehr zu begrüßen, daß die Stadt Remseck im Bereich des früheren Teiches „bei den Stämmen" eine große Fläche renaturiert hat. Nachdem dort die Überreste eines römischen Bauernhofes entdeckt und untersucht worden waren, wurde die Mulde geflutet, Schilf hat sich angesiedelt und schon kurz danach wurde dieser Teich innerhalb dieser „Steppenlandschaft" für viele Zugvögel zu der Oase, auf der sie rasten konnten. Teichhuhn, Stockente und Teichrohrsänger haben in manchen Jahren dort sogar gebrütet.

Dann wurde die angrenzende Ackerfläche 2006 in eine naturnahe Wiese umgestaltet. Für Steinschmätzer, der bis vor 30 Jahren auf der Vördere bei Kornwestheim gebrütet hatte, wurden Steinhaufen angelegt und einige Ruderalflächen mit Schotter sollten den Flußregenpfeifer anlocken, der bis vor etwa 30 Jahren dort gebrütet hatte, wo sich heute der Betriebshof der Stadtbahn befindet. Für Steinschmätzer ist dieses Gebiet

Außerdem wurde aber die Betonrinne entfernt und ein naturnaher Abfluß des Wassers ermöglicht. Nachdem einige Regenfälle die Rinne gefüllt hatten, ist ein hervorragender Lebensraum für rastende Bekassinen, Rohrammern und Kiebitze entstanden. Nachdem sich dort auch Schilf und Rohrkolben angepflanzt hatte, haben Sumpfrohrsänger mindestens 3 Reviere besetzt und wie der Fund eines alten Nestes zeigt sicherlich auch mit Erfolg gebrütet.

Das Projekt Zugwiesen und der „Turmbau zu Ludwigsburg" *

Ruhezone für Wasservögel

Das wichtigste ökologische Projekt im Landkreis Ludwigsburg sind die Zugwiesen. Damit Fische, Schnecken, Würmer und andere im Wasser lebende Organismen nicht mehr durch die Schleuse Poppenweiler getrennt bleiben, wurde ein „Umgehungsgerinne" geschaffen, mit dem der Austausch der Organismen wieder möglich werden sollte und inzwischen teilweise auch wieder stattgefunden hat.

Die zwischen Neckar und Umgehungsgerinne liegende Fläche wurde genutzt, um einen mit dem Neckar verbundenen See, sowie einige vom Neckar abgetrennte Stillgewässer zu schaffen.

Um den Menschen die Möglichkeit zu bieten, dieses Renaturierungsgebiet auch erleben zu können, wurden verschiedene Wege, eine Strasse, zwei Brücken und ein Turm gebaut.

* Stuttgarter Zeitung vom 12.3.2012

Es steht außer Zweifel, daß das Zugwiesenprojekt zu einer erheblichen ökologischen Aufwertung des Neckars in diesem Teil geführt hat.

Das Umgehungsgerinne wurde umgehend von sehr verschiedenen Mollusken, Insektenarten und Klinkrebsen besiedelt: Bernsteinschnecken, Zuckmücken, Köcherfliegen, Eintagsfliegen, Wasserwanzen, Prachtlibellen und Flohkrebsen. Davon haben schon im ersten Jahr (2012) Wasservögel wie Enten, Säger und Wasserläufer sowie Schwalben, Bach- und Gebirgsstelzen profitiert.

Die Stillseen haben dazu geführt, daß die Zugwiesen von zahlreichen seltenen Wasservogelarten besucht wurden, die im Landkreis Ludwigsburg bisher nur unregelmäßig festgestellt wurden. Dazu gehören Kolben-, Tafel-, Knäk, Krick-, Schnatter-, Pfeif- und Löffelenten. Noch bedeutsamer sind Flußregenpfeifer, Kiebitz, Be-

Rastfäche für Enten und Limikolen

kassine, Wald-, Bruch- und Dunkler Wasserläufer, Grünschenkel, Flußuferläufer, Temminck-, Alpen- und der asiatische Sichelstrandläufer. Solche Limikolen - Schnepfen im weiteren Sinne - sind im Landkreis Ludwigsburg seltene Gäste, weil passende Rastplätze wie die Zugwiesen bisher weitestgehend gefehlt haben.Diese Stillseen werden den Limikolen dauerhaft nur als Rastplatz dienen können, wenn die sehr üppig angepflanzte Vegetation kurzgehalten oder besser noch erheblich reduziert wird. Durch passende Pflegemaßnahmen ist das aber zu erreichen.

Der große See am Südende des Gebietes wurde von Nil- und Graugänsen, Graureihern und Bläßhühnern genutzt, während Eisvögel und die oben genannten scheuen Arten dort nur ausnahmsweise und kurzfristig anzutreffen waren. Nachdem der Zugang über die Brücke zum Turm im Mai geöffnet wurde, waren oft einige Dutzend Besucher zu sehen. Inzwischen hat die Zahl der Besucher auch während der Sommerferien stark abgenommen. Es gibt ja auch fast nichts zu sehen, was man nicht auch am Neckar ebenso sehen kann.

Hungrig und müde nach 5000 km Flug

Dafür verantwortlich ist die unglückliche Gestaltung von Brücke und Turm. Wer morgens als erster über die Brücke geht, sieht scheue Vogelarten gerade noch abfliegen. Wer als zweiter kommt, sieht im Umkreis von etwa 100 Metern halbzahme, oft domestizierte Vögel, die man im Bereich der Schleuse seit Jahrzehnen füttern konnte.

Wer fragt, warum der Zugang zum Turm, die Wendeltreppe und die Beobacherplattform nicht getarnt wurde und warum zum Schutz vor schlechtem Wetter und zur Tarnung kein Dach angebracht wurde, der bekommt darauf keine befriedigende Antwort. Störche brüten von Marokko bis Mittelasien zu tausenden auf Dächern. Sollte der unwahrscheinliche Fall eintreten und ein Storchenpaar tatsächlich auf jenem Turm brüten, dann müßte der Turm sofort gesperrt werden, da der Kontakt mit den Exkrementen der Störche leicht zu gesundheitlichen Schädigungen führen könnte. Auch das ist ein Grund eine Änderung vorzunehmen.

Wenn man dieses Gebiet mit seiner faszinierenden Vielfalt an Lebewesen für die Bürger von Ludwigsburg erlebbar machen will, dann muß man an dieser Stelle entscheidende Korrekturen vornehmen. Das würde auch den Tieren nützen. Das Zugwiesen-Projekt ist eine riesige Chance für die Natur und für Naturfreunde. Es bleibt zu hoffen, daß die Chancen auch genutzt werden!

Denk mal ...
Tolle Show, aber für

Wanderer und Naturfreunde .... ?

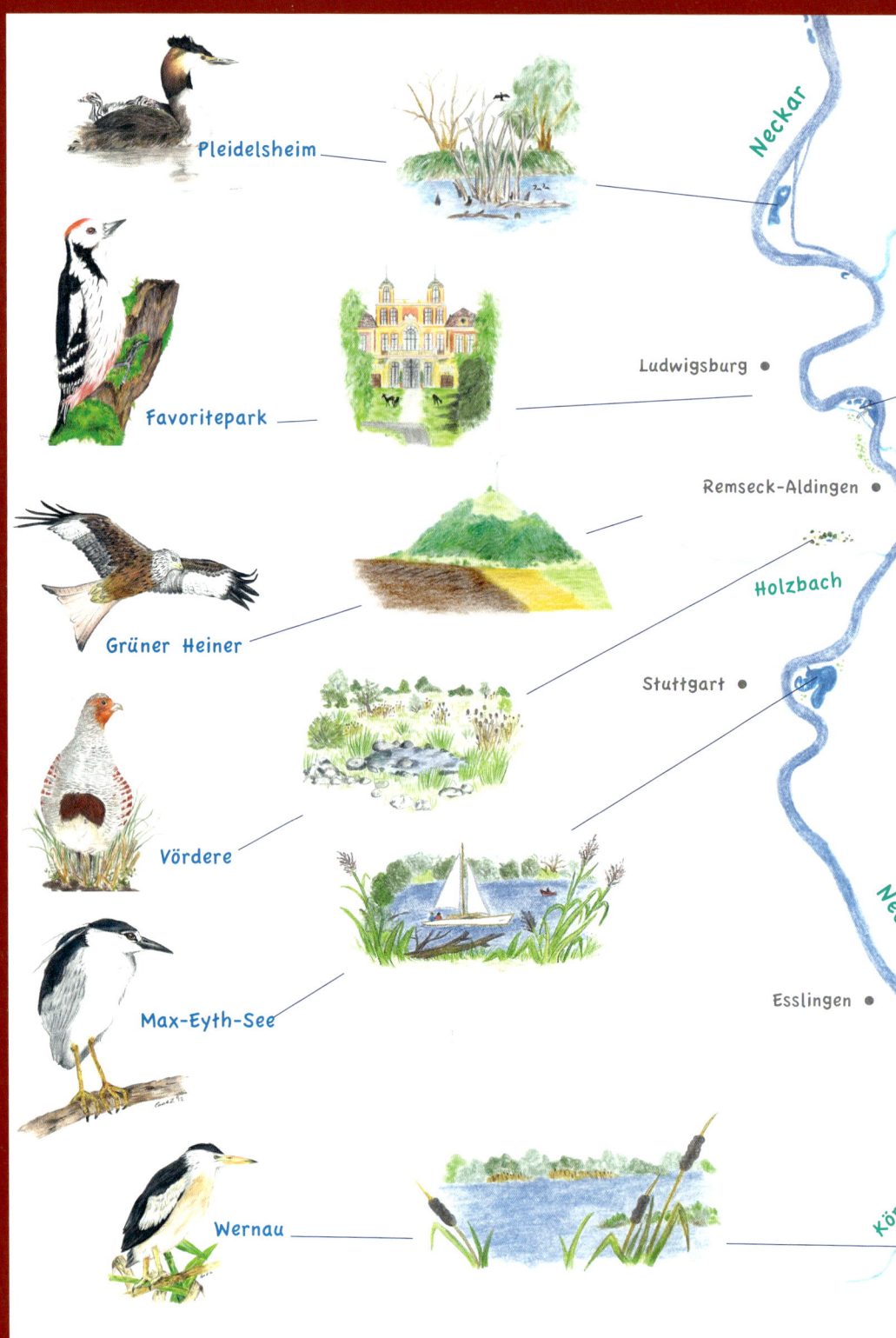

Pleidelsheim

Favoritepark

Grüner Heiner

Vördere

Max-Eyth-See

Wernau

Neckar

Ludwigsburg •

Remseck-Aldingen •

Holzbach

Stuttgart •

Nec

Esslingen •

Kör

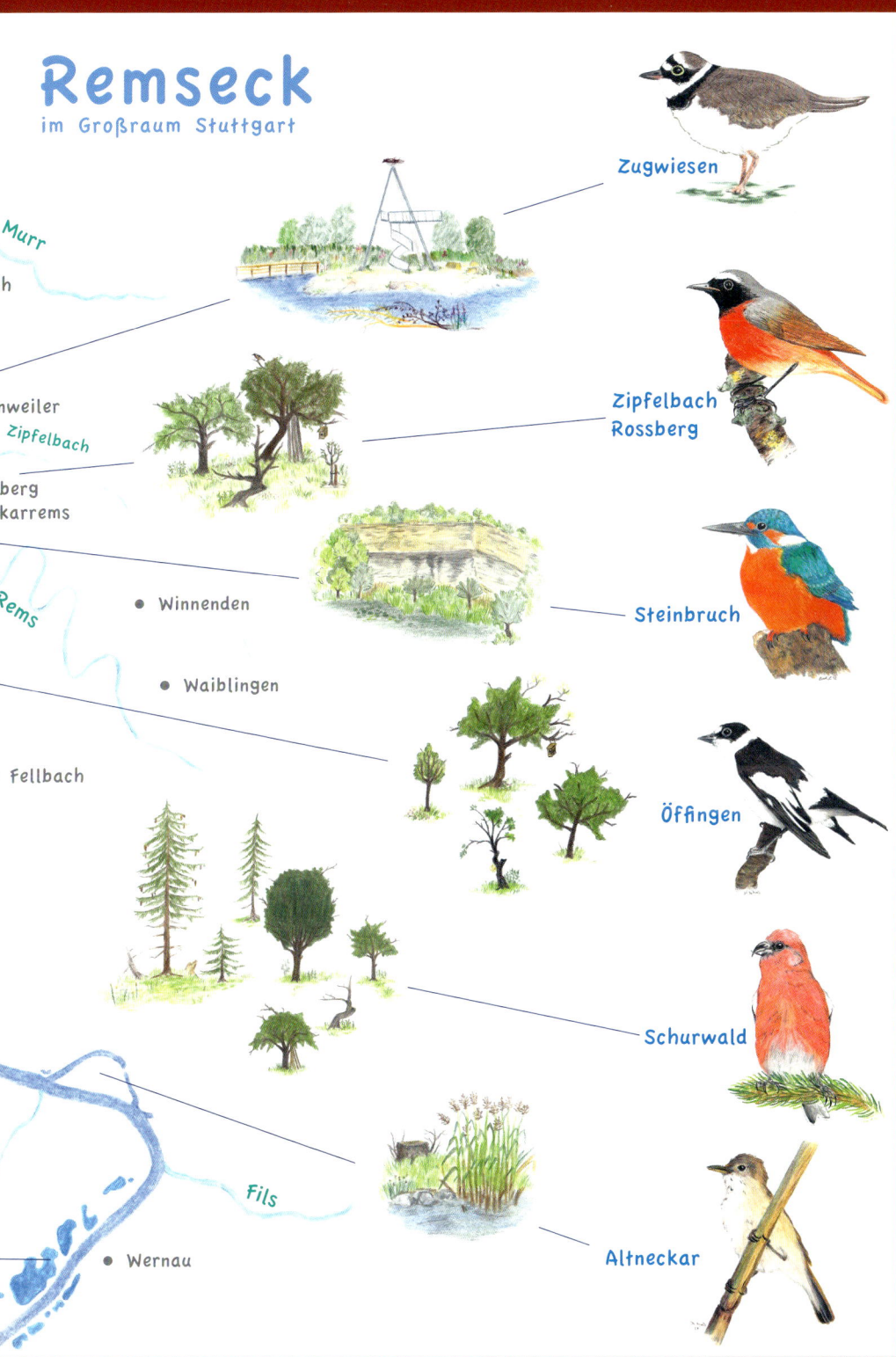

Remseck
im Großraum Stuttgart

Murr

ch

nweiler

Zipfelbach

berg

karrems

Rems

● Winnenden

● Waiblingen

● Fellbach

Fils

● Wernau

Zugwiesen

Zipfelbach
Rossberg

Steinbruch

Öffingen

Schurwald

Altneckar

NSG Pleidelsheimer Wiesental
Die ehemalige Kiesgrube und das Neckaraltwasser wurden 1977 zum Naturschutzgebiet (NSG) erklärt. In der Sekundär-Landschaft mit Auwaldresten, Teichen und Feuchtwiesen brütet jetzt der Nachtreiher, ebenso wie Haubentaucher, Kormoran, Graureiher, Nachtigall, Teichrohrsänger und Rohrammer, manchmal Mittelmeermöwe und Nilgans, ehemals auch Zwergdommel, Flußuferläufer und Drosselrohrsänger. Das Gebiet ist auch wichtig für Durchzügler wie Fischadler, Grünschenkel, Wald- und Bruchwasserläufer. Seltene Arten wie Silberreiher, Teichwasserläufer, Tüpfel- und Kleines Sumpfhuhn sind nachgewiesen. Auf dem Neckaraltarm überwintern einige Dutzend Krickenten.

NSG Favoritepark
Der frühere Weidewald (18. Jahrhundert) um das Jagdschloß Favorite ist seit 1937 NSG. Große Teile des Favoriteparks haben durch die Damhirsche wenig Unterwuchs. Die Beobachtung freilebender Tiere ist deshalb besonders einfach. Bedeutsame Brutvogelarten sind Mittelspecht, Schwarzspecht, Halsbandschnäpper, manchmal auch Baumfalke und Wespenbussard. Durch die regelmäßige Fütterung sind viele Vögel sehr zutraulich. Sie können deshalb aus nächster Nähe beobachtet werden.

Grüner Heiner
Vor über 50 Jahren entstand bei Stuttgart-Weilimdorf durch Schuttablagerungen der "Heiner", jetzt bewachsen der "Grüne Heiner". Der Berg mit der Windenergieanlage wird oft von Ausflüglern und Modellfliegern besucht. Zu Zeiten starken Vogelzuges - von März bis Mai und August bis Oktober - bietet der Gipfel des Grünen Heiner herausragende Möglichkeiten den Vogelzug wissenschaftlich zu erfassen. Die Zugvögel, manchmal über 1000 am Tag, sind oft nur am Ruf zu bestimmen. Das erfordert viel Erfahrung.

Vördere
Die Hochebene im Bereich des Flugplatzes Kornwestheim bestand bis vor etwa 20 Jahren aus größeren Flächen mit Kurzrasen. Ein größerer See und kleine Kuhlen enthielten meistens Wasser. Durch die Beweidung mit Schafen wurde die Verbuschung verhindert. Leider wurde das nicht fortgesetzt. Flußregenpfeifer und Steinschmätzer sind jetzt als Brutvögel verschwunden. Immer noch brüten dort Rebhühner, Steinkäuze, Turmfalken, Dorngrasmücken und Sumpfrohrsänger. Braunkehlchen, Steinschmätzer und Brachpieper ziehen regelmäßig durch, manchmal auch Seltenheiten wie die Sumpfohreule.

LSG Max-Eyth-See
Mit einer Kiesgrube vor 90 Jahren begann die Entstehung des größten Stuttgarter Sees. Ende der 60-er-Jahre wurden die Ufer des Max-Eyth-Sees (LSG Landschaftsschutzgebiet seit 1961) befestigt. In diesem Naherholungsgebiet brüten trotz der Besucher viele Graureiher und einzelne Nachtreiher. Im Winterhalbjahr und während der Zugzeiten können am Max-Eyth-See immer wieder seltene Entenarten, Lappentaucher, Seetaucher, Möwen und Seeschwalben beobachtet werden.

NSG Wernauer Baggerseen
Schon vor über 50 Jahren waren die Wernauer Baggerseen ein Eldorado für Vogelbeobachter, weil man dort Raritäten sehen konnte: Zwergschwan, Ohrentaucher, Seeadler, Schwarzstorch, Triel, Sumpfläufer, Sanderling und Thorshühnchen. 1981 wurde das Gebiet als Naturschutzgebiet ausgewiesen. In den Schilfzonen brüten Teichrohrsänger, Rohrammer und als hochbedrohte Art die Zwergdommel. Auf den Kiesflächen brütet der Flußregenpfeifer, auf den Bäumen Graureiher und Kormorane. Limikolen ziehen nur noch selten durch, weil viele Rastplätze zugewachsen sind.

Zugwiesen

Die Beobachtungen im Jahr 2012 haben gezeigt, daß die Zugwiesen für Wasservögel, etwa für Kolben-, Löffel- und Knäkenten sowie für Limikolen wie Grünschenkel und Bruchwasserläufer als Nahrungs- und Rastgebiet äußerst attraktiv sind. Seltene Brutvögel könnten sich ansiedeln, wenn die Besucherlenkung verbessert und die Beunruhigung scheuer Vogelarten verringert wird. Die Möglichkeiten zur Vogelbeobachtung würden sich dadurch auch verbessern (Seite 17-19).

NSG Zipfelbach mir Rossberg

Das Naturschutzgebiet Zipfelbach und Rossberg besteht aus einem reizvollen Mosaik sehr unterschiedlicher Lebensräume. In den höher gelegenen Streuobstwiesen brütet der Gartenrotschwanz und wohl alljährlich der Neuntöter. In den Auwaldresten am Zipfelbach hört man im Mai den flötenden Gesang des Pirols und das Trommeln des Buntspechts. Mönchs- und Gartengrasmücke, Fitis und Zilpzalp brüten ebenso wie Singdrossel und Heckenbraunelle. Am Zipfelbach hat mehrfach der Eisvogel und die Gebirgsstelze gebrütet.

Steinbruch Neckarrems im NSG Unteres Remstal

Das untere Remstal mit dem Steinbruch Neckarrems ist seit 1987 Naturschutzgebiet. Die Felswände des Steinbruchs selbst sind seit vielen Jahren Brutplatz einer Dohlenkolonie, von Wanderfalke, Turmfalke und Kolkrabe. Auf den Teichen vor dem Steinbruch brüten Teichhühner und Zwergtaucher. An den Ufern der Rems brütet der Eisvogel, die Gebirgsstelze und als Seltenheit seit wenigen Jahren der Gänsesäger. Die Auwaldreste auf beiden Ufern der Rems sind Brutgebiet von Graureiher, Schwarzmilan, Sperber, Waldkauz, Mittelspecht, Pirol, Grauschnäpper und Sumpfmeise. Die Möglichkeiten, viele dieser Vogelarten zu beobachten, sind sehr gut.

Vogelschutzgebiet Öffingen

Das Vogelschutzgebiet bei Öffingen ist ein europäisches Natura-2000-Reservat und in unserem Raum eine der schönsten und größten Streuobstflächen mit einer großen Zahl hochwachsender, alter Obstbäume, die heute nur noch selten angepflanzt werden. Entsprechend hat man zur passenden Jahreszeit sehr gute Chancen seltene und für unserem Raum sehr wichtigen Vogelarten zu begegnen: Mittelspecht, Wendehals, Steinkauz, Neuntöter, Halsbandschnäpper und Gartenrotschwanz. Im Hartwald in unmittelbarer Nachbarschaft brüten Rotmilan, Hohltaube, Pirol, Schwarz- und Grauspecht.

Schurwald FFH-Gebiet

Der Schurwald ist ein FFH-Gebiet, das heißt ein Gebiet, das der Fauna-Flora-Habitat-Richtlinie der Europäischen Union entspricht und ein Netz von für Tiere und Pflanzen wichtigen Gebieten in Europa sichern soll. Der Schurwald bietet in unserem Raum die Möglichkeit, scheue Waldvogelarten zu beobachten, so etwa Wespenbussard, Habicht, Schwarzspecht, Tannen- und Haubenmeise, Gimpel, Fichtenkreuzschnabel, Winter- und Sommergoldhähnchen. Da diese Vogelarten recht scheu sind, empfiehlt sich der frühe Morgen für Beobachtungen, andererseits sind auffällige Kleidung und Lärm zu vermeiden.

NSG Altneckar bei Altbach

Der Neckaraltarm bei Altbach ist der naturnahe Rest des Neckars, der nach der Umwandlung des Neckars in einen Kanal bzw. eine Schiffahrtsrinne vor etwa 80 Jahren übriggeblieben ist. Dieser Flußabschnitt wurde 1985 als Naturschutzgebiet ausgewiesen. Hier brüten Bläßhuhn, Teichhuhn, Stockente, Eisvogel, Teichrohrsänger und Nachtigall, früher auch die Zwergdommel. Die in der Nähe brütenden Graureiher, Schwarz- und Rotmilane nützen den Altneckar als Jagdrevier. Im Winterhalbjahr besuchen Tafel- und Reiherenten das Gebiet.

Vögel in Haus und Hof

Zwanzig Vogelarten und mehr kann man im Laufe eines Jahres in Städten beobachten, wenn Wohngebiete mit Parks, Gärten oder anderen Grünflächen abwechseln. Mit der Winterfütterung lassen sich einige Arten

Haussperling

Größe: 14–16 cm *Merkmale:* Die Männchen sind recht bunte und hübsche Vögel. Der Rücken ist leuchtend braun mit schwarzen Streifen und einer weißen Flügelbinde. Der Oberkopf ist grau, die Wangen weißlich grau, das Kinn und die Brust sind schwarz, der Bauch hellgrau. Die Weibchen sind dagegen ziemlich einheitlich hell bräunlich gefärbt, oberseits etwas dunkler braun. Ein heller Überaugenstreif ist unauffällig. *Stimme:* Der typische Ruf ist "tschilp", manchmal gereiht, so auch beim Gesang. Alarmruf bei Flugfeinden "djürr-djürr". *Verhalten:* Hält sich gern auf Dächern, Leitungen oder auf Bäumen auf, zur Nahrungssuche aber am Boden. *Lebensraum:* Vorwiegend an menschliche Siedlungen gebunden, vor allem Stadtränder oder Siedlungen mit Gärten, Parks oder einzelnen Bäumen. Die Zentren großer Städte werden vom Haussperling nicht besiedelt. *Vorkommen:* Vermutlich immer noch die häufigste Vogelart in Deutschland, obwohl die Bestände in den letzten 150 Jahren vermutlich um etwa die Hälfte abgenommen haben. In unserem Raum weit verbreitet. Schwärme mit über 200 Sperlingen gehören aber der Vergangenheit an (LB über 10.000 Brutpaare). *Wanderungen:* Jahresvogel, der fast keine Wanderungen macht *Nahrung:* Allesfresser: nimmt im Sommer größere Insekten wie Käfer, Schmetterlinge und Raupen, im Winter auch Sämereien oder Abfälle *Brut:* Baut umfangreiche, recht schlampige Nester aus Zweigen, Stroh oder Federn und füllt damit Nistkästen und größere Höhlungen unter Dächern oder an Häusern aus. Legt 4 bis 7 hellgraue Eier mit grauen und bräunlichen Stricheln.

Feldsperling

Größe: Deutlich kleiner als Haussperling. 12–14 cm *Merkmale:* "Sauberer" gefärbt als der Haussperling, mit heller goldbraunem Rücken, einem weißen Halsring und weißen Wangen mit einem schwarzen "Ohrfleck". Männchen und Weibchen sind gleich gefärbt. *Stimme:* Ruft mehr "tuilp" oder "tsuip" und warnt mit "tschäp–tschäp" vor Feinden. Der Gesang besteht aus einer schnellen Folge von tsuit–Rufen. *Verhalten:* Der englische Name "Treesparrow" (Baumsperling) ist passender als der deutsche Name, oft auf Bäumen und Büschen, zur Nahrungssuche am Boden. *Lebensraum:* Im Herbst auch auf Feldern, sonst aber meistens in Gärten und Streuobstwiesen. *Vorkommen:* Verbreiteter, aber nicht mehr sehr häufiger Brutvogel (LB über 2.000 Brutpaare). *Wanderungen:* Fast keine Wanderungen. *Nahrung:* Allesfresser, im Sommer vorwiegend Insekten, sonst auch Sämereien. *Brut:* Baut viel kleinere, "ordentlichere" Nester in Höhlungen aller Art, besonders auch in "Kleinmeisenkästen". Das Gelege besteht aus 3 bis 7 Eiern, denen des Haussperlings ähnlich, aber kleiner.

Heckenbraunelle

Größe: Etwas kleiner als Haussperling. 14–15 cm *Merkmale:* Oberseits vorwiegend brauner, schlanker Vogel mit schwarzen Stricheln, Unterseite und Kopf eher grau. Der Schnabel ist länger und dünner als bei Sperlingen. *Stimme:* Ruft das ganze Jahr über hoch und scharf "zsrie". Der Gesang ist ein hohes, schirkendes Schwätzen. *Verhalten:* Hält sich wie der Name sagt gern in Büschen und Hecken auf, singt oft auf Baumspitzen, sucht aber Nahrung oft am Boden. *Lebensraum:* In Gärten, Heckenstreifen, Waldrändern und Friedhöfen. *Vorkommen:* Verbreiteter, aber nicht sehr häufiger Brutvogel (LB über 3.000 Brutpaare). *Wanderungen:* Zahlreiche nordische Durchzügler vim März und im September/Oktober. Einige wenige überwintern auch in unserem Raum. *Nahrung:* Im Sommer Insekten und andere Wirbellose, im Winter pflanzliche Nahrung. *Brut:* Baut das Nest meistens niedrig in Hecken und Büsche. Das Gelege aus 4 bis 6 blaß grünlichen Eiern.

Haussperling (♂)
R – Aldingen April 2012

Haussperling (♀)
R – Aldingen März 2012

Feldsperling
R – Aldingen September 2012

Heckenbraunelle
R – Aldingen März 1990

Buchfink

Größe: Haussperlingsgroß 14–16 cm *Merkmale:* Männchen mit hell rostroter Unterseite, grauem Oberkopf und braunem Rücken. Sehr auffällig sind die großen, weißen Schulterflecke auf den Flügeln, besonders bei fliegenden Buchfinken. Im Brutkleid sind Kopf und Flügelbug blaugrau gefärbt. Die Weibchen sind wesentlich unauffälliger, unterseits blaß graubraun gefärbt. Bei fliegenden Buchfinken, Männchen wie Weibchen, sind die weißen Schwanzklanten recht auffällig. *Stimme:* Typisch ist das laute "pink-pink". Andere Rufe wie "schrü" oder "psie" sind weniger auffällig. Von ziehenden Buchfinken ist ständig der Flugruf zu hören, der sich wie "jüp" anhört. Den Gesang hört man je nach Frühlingsbeginn ab Anfang Februar. Er ähnelt dem Spruch "trink, trink, trink das würzige Bier". *Verhalten:* Hält sich häufig auf Bäumen und Büschen auf, sucht die Nahrung aber vor allem am Boden. *Lebensraum:* Vorwiegend Laubwald, aber auch Wälder mit Nadelbäumen. Besiedelt auch menschliche Siedlungen mit Gärten oder Parkanlagen. *Vorkommen:* Der Buchfink ist eine der häufigsten Vogelarten in Europa. Auch in unserem Raum ist er ein weit verbreiteter, sehr häufiger Brutvogel (LB über 10.000 Brutpaare). *Wanderungen:* Von unseren Buchfinken ziehen vorwiegend Jungvögel und Weibchen im Winter nach Süden. Viele tausend nord- und osteuropäische Buchfinken ziehen bei uns im Frühjahr und Herbst durch. *Nahrung:* Im Sommer vorwiegend Insekten, aber auch Bucheckern (Name), andere Sämereien und Früchte. Besucht im Winter auch Futterstellen. *Brut:* Baut offene Napfnester in Büsche und Bäume. Legt 3 bis 6 weißliche bis kräftig braun gefleckte grünliche Eier; macht oft zwei Bruten im Jahr.

Bergfink

Größe: Wie Buchfink 14–16 cm *Merkmale*: Ähnlich Buchfink-Weibchen, aber immer orangefarben auf der Brust. Das Männchen hat einen schwärzlichen Kopf. Ganz schwarzköpfige Männchen im Brutkleid sieht man bei uns aber nur selten. Ein weißer Bürzelfleck ist immer kennzeichnend, besonders im Flug. *Stimme*: Aus gemischten Buch- und Bergfinkenschwärmen hört man Bergfinkenrufe heraus: "gegegeg-guähtsch". *Verhalten:* Ähnlich Buchfink, sucht bei uns Nahrung auf Feldern, hält sich aber teilweise in großen Schwärmen in Wäldern auf. *Lebensraum:* Brütet in großer Zahl in den offenen Wäldern des hohen Nordens. Wintergast in Wäldern und Gärten. *Vorkommen:* Durchzügler und Wintergast in stark wechselnder Zahl. Meistens einige tausend, vereinzelt auch Schwärme mit über einer Million Vögeln. *Wanderungen:* Durchzügler und Wintergast von Ende September bis Mitte April. *Nahrung:* Im Winterquartier Sämereien und Früchte, besonders auch Bucheckern.

Grünfink

Größe: Wie Buchfink 14–16 cm *Merkmale:* Größer und kräftiger als die nächsten Verwandten: Hänflinge und Zeisige. Vorwiegend dunkelgrün gefärbt, beim Männchen mit gelben Flecken im Schwanz und im Flügel. Weibchen sind grauer gefärbt, Jungvögel unterseits hellgrau mit dunklen Streifen. *Stimme:* Typischer Ruf: "schrüh–tütütütük", den sehr ähnlichen Gesang hört man das ganze Jahr über. *Verhalten:* Sucht ähnlich wie Finken Nahrung am Boden, aber auch an Bäumen und Büschen. Fast das ganze Jahr über in Schwärmen, kräftiger Flug. *Lebensraum:* Meistens an Waldrändern, in Gärten und Parks. *Vorkommen:* Verbreiteter, sehr häufiger Brutvogel (LB über 3000 Brutpaare), auch in Wohngebieten. *Wanderungen:* Jahresvogel, einige Jungvögel ziehen nach Südwesteuropa. *Nahrung:* Sämereien und Früchte, seltener Insekten, besucht im Winter häufig Futterplätze. *Brut:* Baut Napfnester in Büsche, Bäume und Hängepflanzen. Gelege bestehen aus 3 bis 6 weißen, kaum gepunkteten Eiern.

Buchfink (♂)
R – Aldingen Dezember 2006

Buchfink (♀)
R – Ludwigsburg März 2007

Bergfink
❄ – Garmisch Januar 2007

Grünfink
R – Öffingen Dezember 2008

Kohlmeise

Größe: 14–15 cm *Merkmale:* Schwarzer Kopf mit weißen Wangen, Unterseite zitronengelb mit schwarzem Bauch–Streif, beim Weibchen schmäler. Oberseite dunkelgrün mit weißer Flügelbinde. Jungvögel sind viel blasser. *Stimme:* Sehr vielfältig, ruft "pink", "dädädä"; singt typisch "zizibä–zizibä" oder tietju–tietju", ahmt andere Vögel nach. *Verhalten:* Lebhaft, fast immer in Bewegung. Sucht in Bäumen und Büschen nach Nahrung, besucht oft Futterstellen. *Lebensraum:* Laubwald, Nadelwald, Gärten und Parks. *Vorkommen:* Weit verbreiteter, sehr häufiger Brutvogel (LB über 10.000 Brutpaare). *Wanderungen:* Keine großen Wanderungen, geringes Umherstreuen im Winter *Nahrung:* Im Sommer Insektenfresser, vor allem Fliegen, Schmetterlinge, Blattläuse und Raupen; im Winter Sämereien und Früchte. Besucht Futterplätze. *Brut:* Baut Nester in Spechthöhlen, Nistkästen oder andere Höhlungen, Gelege mit 6 bis 12 weißlichen, rötlich gepunkteten Eiern; macht oft zwei Bruten im Jahr.

Sumpfmeise

Größe: Kleiner als Kohlmeise, 12–13 cm *Merkmale:* Eine graubraune Meise ohne jegliche Gelbfärbung, Kopfplatte und Kinnfleck schwarz, Kopfseiten leuchtend weiß. *Stimme:* Typischer Ruf: "pistjä–dädädä", der Gesang besteht aus einer langen Rufreihe wie "tjä–tjä–tjä". *Verhalten:* Ähnlich Blaumeise, mit der sie im Winter oft vergesellschaftet ist. *Lebensraum:* Der Name Sumpfmeise ist irreführend. Die Sumpfmeise ist ein Vogel von Laubwäldern, manchmal mit Nadelbäumen, oft auch in Gärten und Parks. *Vorkommen:* Verbreiteter, häufiger Brutvogel (LB 300 bis 1.000 Brutpaare). In Mitteleuropa lebt ein wesentlicher Teil der Weltpopulation. Der Schutz der Sumpfmeise in Deutschland ist daher sehr wichtig. *Wanderungen:* Sehr standorttreu, bleibt auch im Winter im Brutgebiet. *Nahrung:* Sucht ähnlich wie die Blaumeise Insekten im Sommer und Sämereien und Früchte im Winter. Besucht Futterplätze. *Brut:* Baut Nester in Spechthöhlen, gelegentlich in Nistkästen. Gelege mit 7 bis 9 Eiern, die denen der Blaumeise gleichen.

Blaumeise

Größe: Wesentlich kleiner als Kohlmeise, 11–12 cm *Merkmale:* Viel blasser gelb als Kohlmeise mit unauffälligem schwarzen Bauchstreif. Kopfplatte blau mit weißem Rand, Rücken mehr bläulich. *Stimme:* Weniger variabel als Kohlmeise, hohe "sisisi"–Rufe. Typisch ist ein hohes, anhaltendes Klingeln. *Verhalten:* Ähnlich lebhaft wie die Kohlmeise. Wegen des geringeren Gewichtes häufiger im Bereich der äußeren Spitzen der Bäume. *Lebensraum:* Laubwald, Nadelwald, Gärten und Parks. *Vorkommen:* Weit verbreiteter, sehr häufiger Brutvogel (LB über 10.000 Brutpaare), nicht ganz so häufig wie die Kohlmeise. *Wanderungen:* Weitestgehend Jahresvogel, im ersten Lebensjahr teilweise größere Wanderbewegungen. *Nahrung:* Insekten, ähnlich wie Kohlmeise, aber oft kleinere Beutetiere; im Winter Sämereien und Früchte. Besucht Futterplätze. *Brut:* Baut Nester in Spechthöhlen und Nistkästen, bevorzugt Kästen mit kleinerem Flugloch. Gelege mit 6 bis 14 Eiern, kleiner und heller als die der Kohlmeise.

Kleiber

Größe: Gut meisengroß, 14–15 cm *Merkmale:* Kräftiger Vogel mit kurzem Hals und kurzem Schwanz. Oberseite blaugrau, Unterseite weißlich bis hell rötlichbraun *Stimme:* Laute, weit hallende Rufe wie "twit" oder "düh–düh"; der Gesang besteht aus einer langen Reihe flötender Rufe. *Verhalten:* Sucht am Stamm nach Insekten, die mit dem kräftigen Schnabel auch unter der Borke herausgemeißelt werden können. Beim Klettern am Stamm kann der Kleiber aufgrund seiner kräftigen Füße als einziger Vogel auch kopfüber nach unten klettern. *Lebensraum:* Wälder aller Art, ebenso Parks, Gärten und Friedhöfe. *Vorkommen:* Weit verbreiteter, häufiger Brutvogel (LB 3.000 bis 10.000 Brutpaare) *Wanderungen:* Wie die Sumpfmeise sehr standorttreu. *Nahrung:* Im Sommer Insekten unter der Rinde, im Winter Sämereien. Besucht Futterplätze. *Brut:* Baut Nester oft in größeren Höhlen, wobei er die Öffnung mit Lehm verkleinert, "verkleibert". Die meistens 6 bis 7 Eier ähneln denen der Kohlmeise.

Kohlmeise
R – Öffingen April 2008

Blaumeise
R – Freiberg März 2011

Sumpfmeise
R – Öffingen Dezember 2008

Kleiber
R – Öffingen März 2012

Gartenbaumläufer

Größe: Etwa meisengroß, 12–13 cm *Merkmale:* Oberseite unauffällig graubraun ("Rindenmuster"), Unterseite weißlich mit blaßbräunlichen Flanken. Dünner, leicht nach unten gebogener Schnabel, langer Schwanz. *Stimme:* Kennzeichnend "tiet", oft zwei– oder dreimal wiederholt. Manchmal auch wie der Waldbaumläufer "srie". Der deutlich aufsteigende Gesang ähnelt dem englischen Merksatz "sweet, sweet little Suzi". *Verhalten:* Klettert meistens in Spiralen an Bäumstämmen nach oben. Die Bewegungen erinnern an Mäuse. *Lebensraum:* Laubwald, Gärten und Parks, seltener Nadelwald. *Vorkommen:* Weit verbreiteter, häufiger Brutvogel (LB über 1.000 Brutpaare). *Wanderungen:* Keine größeren Wanderungen. *Nahrung:* Kleine Insekten und Spinnen, besucht manchmal Futterplätze. *Brut:* Baut seine Nester in Spechthöhlen, unter abstehender Borke, in Höhlungen an Gebäuden oder in spezielle Nistkästen, Gelege mit meistens 5 oder 6 weißlichen, kräftig rotbraun gefleckten Eiern.

Waldbaumläufer

Größe: Kaum größer als Gartenbaumläufer, 12–13 cm *Merkmale:* Dem Gartenbaumläufer extrem ähnlich! Die Unterseite ist etwas heller oder auch reinweiß. *Stimme:* Kennzeichnend! Häufig "srie", keine gereihten "tiet"–Rufe. Die Gesangsstrophe erinnert an Blaumeise, das abfallende Ende wird einmal wiederholt. *Verhalten:* Ähnlich Gartenbaumläufer. *Lebensraum:* Zur Brutzeit mehr in Wäldern als der Gartenbaumläufer, oft im Nadelwald. Im Winterhalbjahr auch in Gärten und Parks. *Vorkommen:* Viel seltener als der Gartenbaumläufer (LB über 100 Brutpaare) und weitestgehend auf Waldgebiete beschränkt. *Wanderungen:* Unsere Brutvögel wandern nicht. In manchen Wintern treten auffällig weißbäuchige Waldbaumläufer aus Nord– und Osteuropa bei uns auf. *Nahrung:* Kleine Insekten und Spinnen. *Brut:* Baut Nester in Spechthöhlen, in Spalten an Bäumen, in Höhlungen an Gebäuden oder spezielle Nistkästen. Gelege mit meistens 5 oder 6 weißlichen, wenig gefleckten Eiern.

Zaunkönig

Größe: Extrem klein, 9–10 cm *Merkmale:* Dieser sehr kleine, dunkelbraune Vogel erinnert oft an eine Maus, auch vom Verhalten her. Das braune Gefieder ist schwärzlich und auf dem Flügel weiß gestrichelt. Der steil nach oben gerichtete Schwanz ist auffallend. *Stimme:* Ein schnurrender Ruf hört sich wie "trrt" an und ist sehr oft zu hören. Der für den kleinen Vogel erstaunlich laute Gesang enthält trillernde und schmetternde Elemente. *Verhalten:* Hält sich immer am Boden oder in Büschen und Gestrüpp in Bodennähe auf. Fliegt dazwischen geradlinig "wie von der Schnur gezogen". *Lebensraum:* Bewohnt Wälder, Waldränder, Gärten und Friedhöfe, oft auch in der Nähe von Häusern. *Vorkommen:* Verbreiteter, häufiger Brutvogel (LB über 3000 Brutpaare). *Wanderungen:* Jahresvogel ohne auffällige Wanderungen. *Nahrung:* Fast ausschließlich kleine Insekten und andere wirbellose Tiere. *Brut:* Baut seine Kugelnester in Büsche, Baumhöhlen, aber auch Nistkästen. Gelege mit 4–6 hellblauen Eiern.

Grauschnäpper

Größe: Etwa wie Hausrotschwanz (S. 36) 14–15 cm *Merkmale:* Unauffälliger, hell graubrauner Vogel mit heller, fein dunkel gestreifter Unterseite. *Stimme:* Rufe und Gesang äußerst unauffällig "zst" und "zrrt". *Verhalten:* Sitzt oft auf Baumspitzen, Antennen und Telefondrähten. Macht von dort auffällige Jagdflüge auf fliegende Insekten. *Lebensraum:* Ein Bewohner lichter Wälder, oft an Wasserläufen oder in Gärten, auch an Häusern. *Vorkommen:* Verbreiteter Brutvogel in geringer Zahl (LB über 300 Brutpaare).
Wanderungen: Verläßt das Brutgebiet im September und kehrt als einer der letzten Zugvogelarten Anfang oder erst Mitte Mai wieder zurück. *Nahrung:* Fast ausschließlich Insekten, die auf den Jagdflügen erbeutet werden. *Brut:* Baut seine Nester in eher offene Höhlen. Als Nistkästen werden entsprechend "Halbhöhlen" bevorzugt. Die Gelege bestehen aus 4 bis 7 weißlichen, geringfügig braun gepunkteten Eiern.

Gartenbaumläufer
 – Garmisch Januar 2008

Waldbaumläufer
– Helgoland Oktober 2010

Zaunkönig
R – Freiberg März 2011

Grauschnäpper
– Mallorca August 1984

Amsel

Größe: 24-28 cm *Merkmale:* Diese schwarze Drossel mit dem gelben Augenring und dem gelben Schnabel gehört zu den auffälligsten Vögeln unserer Wohngebiete. Die Weibchen sind bräunlicher und oft viel heller gefärbt. Die Jungvögel, die man ab Ende April sieht, sind auf der Unterseite gefleckt. Ganz weiße Amseln, Albinos, sind sehr selten. Aber Amseln mit weißen Federn oder Flecken kommen recht häufig vor und ähneln manchmal sogar Ringdrosseln, die aber bei uns viel seltener sind. *Stimme:* Sehr auffällig ist das "tixen", mit dem die Amseln vor Bodenfeinden warnen, etwa vor Katzen oder Hunden. Bei Flugfeinden hört man sehr hohe gedehnte Rufe. Der melodische Gesang ist sehr vielfältig und variabel. Er ist von Februar bis Juni von Sonnenaufgang an zu hören zu hören. *Verhalten:* Hält sich oft in Bäumen und Büschen auf. Die Nahrungssuche findet fast ausschließlich auf dem Boden statt, wo sie im Gegensatz zum Star hüpft, nicht schreitet. *Lebensraum:* Die Amsel ist ursprünglich ein Waldvogel. In den Städten und Dörfern erleiden die Amseln durch den Verkehr und durch Unfälle an Häusern hohe Verluste. Zuwanderer aus dem Wald gleichen diese Verluste aber wieder aus. *Vorkommen:* Weit verbreiteter, sehr häufiger Brutvogel (LB über 10.000 Brutpaare). *Wanderungen:* Jahresvogel, keine nennenswerten Wanderungen. *Nahrung:* Sucht im Sommer am Boden nach Käfern, Raupen und sehr oft Regenwürmern. Nimmt im Winter auch Äpfel, kleinere Früchte und Winterfettfutter. Besucht dann auch Futterplätze. *Brut:* Baut Nester in Büsche, Bäume und Hängepflanzen sowie an Häusern. Gelege mit 4 bis 6 grünlichen, braun marmorierten Eiern; macht oft zwei Bruten im Jahr.

Star

Größe: Kleiner als Amsel, 19–22 cm *Merkmale:* Viel kurzschwänziger als die Amsel, zur Brutzeit schwarz mit grünem Metallglanz, Schnabel gelblich. Im Herbst mit hellen Punkten, Jungvögel sind dunkelgrau. *Stimme:* Äußerst variabel mit schwätzenden und schrill pfeifenden Rufen. Ahmt fremde Vogelstimmen nach und sogar technische Laute (Telefon!). *Verhalten:* Das ganze Jahr über in kleinen bis sehr großen Schwärmen. Fliegt sehr schnell und geradlinig. Am Boden "schreitet" der Star. *Lebensraum:* Ursprünglich ein Bewohner offener Laubwalder, häufig in Gärten und Parks. *Vorkommen:* Weit verbreiteter, sehr häufiger Brutvogel (LB über 3.000 Brutpaare). *Wanderungen:* Viele Stare verlassen uns im Oktober, die letzten oft erst im Dezember. Einzelne Stare überwintertern manchmal. Die Rückkehr erfolgt vor allem im März. *Nahrung:* Insekten, Raupen, Würmer, im Herbst Früchte. *Brut:* Baut Nester in Spechthöhlen und Nistkästen. Gelege mit 4 bis 6 weißen Eiern.

Rotkehlchen

Größe: Knapp meisengroße, sehr kleine Drossel 12–14 cm *Merkmale:* Oberseits unauffällig graubraun, aber Kehle und Stirn leuchtend orangebraun. Jungvögel ohne orangebraune Farbtöne und deutlich geschuppt. *Stimme:* Typisch ist das Schnickern mit einer schnellen Serie von tik–tik–tik–Rufen, manchmal auch Einzelrufe. Der Gesang enthält gepresste und zwitschernde Laute und klingt melancholisch, weil er am Ende abfällt. *Verhalten:* Sucht am Boden nach Insekten, singt aber auch hoch in den Bäumen. *Lebensraum:* Wälder aller Art, aber auch Parks und Gärten. *Vorkommen:* Verbreiteter, häufiger Brutvogel (LB über 2.000 Brutpaare). *Wanderungen:* Ein großer Teil der Rotkehlchen überwintert im Mittelmeerraum. Das fällt aber kaum auf, da viele Rotkehlchen den Winter über bei uns bleiben. *Nahrung:* Sucht Insekten am Boden oder in den "unteren Etagen" der Bäume. Ernährt sich im Winter auch von Früchten und Fettfutter an Futterplätzen. *Brut:* Baut Nester am Boden oder in geringer Höhe von Bäumen und Büschen. Legt 4 bis 6 hellbraue Eier. Macht oft zwei Bruten im Jahr

Amsel (♂)
R – Max-Eyth-See Januar 1989

Amsel (♀)
R – Öffingen April 2012

Star
R – Aldingen April 2011

Rotkehlchen
R – Max-Eyth-See Dezember 1984

Gartenrotschwanz

Größe: Unwesentlich kleiner als Hausrotschwanz, 13–14 cm **Merkmale:** Das Männchen ist mit dem leuchtend orangeroten Bauch, der schwarzen Kehle, der grauen Oberseite und der weißen Stirn unverkennbar. Das Weibchen ähnelt dem Hausrotschwanz-Weibchen, ist aber immer bräunlicher gefärbt, auf der Unterseite manchmal orangefarben. Auch dieser Rotschwanz hat einen auffällig rostroten Schwanz. **Stimme:** Der Ruf ähnelt dem des Hausrotschwanzes, ist aber weicher "hüid" und schmatzender "tzäk". Der Gesang ist dagegen wesentlich melodischer und sehr variabel. Er beginnt fast immer mit zwei hohen und zwei tiefen Tönen am Anfang. Ähnlich dem Hausrotschwanz gehört auch der Gartenrotschwanz zu den frühesten Sängern am Tage. **Verhalten:** Sehr ähnlich Hausrotschwanz, sitzt aber bevorzugt auf den Spitzen hoher Bäume, nur selten auf Häusern.

Lebensraum: Der Gartenrotschwanz ist ursprünglich ein Bewohner lichter Laubwälder. In unserem Raum bevorzugt er Streuobstwiesen mit altem Baumbestand und entsprechendem Höhlenangebot. **Vorkommen:** Der in weiten Teilen Europas sehr selten gewordene Gartenrotschwanz, Vogel des Jahres 2011, ist in unserem Raum immer noch weit verbreitet und stellenweise häufig Brutvogel (LB über 300 Brutpaare). **Wanderungen:** Die Gartenrotschwänze verlassen unser Brutgebiet bis Ende September/Anfang Oktober und ziehen nach Westafrika. Anfang April kehren sie wieder zurück. **Nahrung:** Fast ausschließlich fliegende Insekten, auch Bienen, im Herbst kleine Beeren. **Brut:** Baut Nester in Spechthöhlen und Nistkästen, bevorzugt solche mit "Schlüsselloch-Öffnungen". Gelege mit 5 bis 7 blaß grünlichen Eiern.

Hausrotschwanz

Größe: Etwa meisengroß, 13–14 cm **Merkmale:** Vorwiegend schwärzlich grauer, schlanker Vogel mit rostrotem Schwanz. Die Männchen sind auf der Unterseite dunkel rußfarben, auf dem Unterbauch aber hellgrau. Die Oberseite ist bei einjährigen Männchen meistens einfarbig dunkelgrau, der Unterbauch ist hellgrau. Vom zweiten Sommer an haben die Männchen ein kleines, leuchtend weißes Flügelfeld. Jungvögel und Weibchen sind hell mausgrau, niemals bräunlich. **Stimme:** Ruft häufig "hüit-tak" bei Erregung. Der Gesang besteht aus sehr hohen, unmelodisch kratzenden Elementen. Er ist oft schon vor Sonnenaufgang zu hören. **Verhalten:** Sitzt gern auf höheren Warten, von wo aus Insekten am Boden oder in der Luft erbeutet werden. Ganz typisch besonders für den Hausrotschwanz ist ein nervöses "Knicksen" sowie das anschließende "Schwanzzittern".

Lebensraum: Der Hausrotschwanz ist ursprünglich Felsbewohner. Im Hochgebirge ist er Brutvogel bis in Höhen von über 2.000 Metern. Im Flachland kommt er vorwiegend in menschlichen Siedlungen vor, teilweise sogar in den sonst vogelarmen Zentren von Großstadten. **Vorkommen:** Auch in unserem Raum verbreiteter, häufiger Brutvogel (LB über 1.000 Brutpaare). **Wanderungen:** Die meisten Hausrotschwänze verlassen das Brutgebiet bei uns im Oktober und ziehen in den Mittelmeerraum. Sie kehren im März wieder zurück. Feststellungen in den Wintermonaten haben in den letzten Jahrzehnten zugenommen. **Nahrung:** Fast ausschließlich Insekten, Fliegen, Käfer und Schmetterlinge, im Herbst auch kleine Beeren. **Brut:** Baut Nester in Höhlungen von Felsen, Häusern und Mauern. Als Nistkästen werden "Halbhöhlen" mit großen Öffnungen bevorzugt. Gelege mit 4 bis 6 blaß grünlichen Eiern.

Gartenrotschwanz (♂)
R – Poppenweiler April 2011

Gartenrotschwanz (♀)
– Würzburg April 2012

Hausrotschwanz (♂)
– Singen April 2012

Hausrotschwanz (♀)
–Singen April 2012

37

Rauchschwalbe

Größe: 17–21 cm, je nach Länge der Schwanzspieße *Merkmale:* Oberseits blauschwarze Schwalbe mit tief gegabeltem Schwanz. Stirn und Kehle kastanienbraun mit braunem Brustband, übrige Unterseite weiß bis hell rosa. Jungvögel sind blasser, Schwanzspieße kürzer. *Stimme:* Ruft "wit" und "witt–witt". Der Gesang ist schwätzend und endet mit einem langen Schnurren. *Verhalten:* Fliegt mit schnellen, weichen Flügelschlägen, oft knapp über dem Boden oder dem Wasser. *Lebensraum:* Bevorzugt offene Landschaften zur Jagd über Wiesen oder Wasserflächen. *Vorkommen:* Als von der Großvieh–Haltung abhängiger Brutvogel einst häufiger Brutvogel, dessen Bestände deutlich abgenommen haben (LB über 1.000 Brutpaare). *Wanderungen:* Überwintert als Langstreckenzieher in Afrika. Verläßt unsere Brutgebiete bis Ende September und kehrt gegen Ende März zurück. *Nahrung:* Ausschließlich Fluginsekten. Kälteeinbrüche können daher zu erheblichen Verlusten führen. *Brut:* Baut offene Napfnester in Gebäuden, bevorzugt in Ställen. Das Gelege besteht aus 4–6 weißlichen, rötlich gepunkteten Eiern.

Uferschwalbe

Größe: Noch kleiner als Mehlschwalbe, 12 cm *Merkmale:* Oberseite einfarbig erdbraun mit kaum gegabeltem Schwanz. Die Unterseite ist weißlich mit einem deutlichen braunen Brustband. *Stimme:* Ruft „tschrib". *Verhalten:* Der Flug ähnelt dem der Mehlschwalbe. *Lebensraum:* Jagt fast ausschließlich über Wasserflächen. *Vorkommen:* Aufgrund der Zerstörung passender Brutgelegenheiten an Steilwänden von See- und Flußufern ist die Uferschwalbe in unserem Raum fast völlig verschwunden. Durchzügler in geringer Zahl über Seen und Flüssen im April und August/September. *Wanderungen:* Überwintert in Afrika. Verläßt Mitteleuropa im September und kehrt Anfang April zurück. *Nahrung:* Ausschließlich Fluginsekten. *Brut:* Gräbt Bruttröhren in Steilwände von Flüssen (Prallhänge) oder Sandgruben. Das Gelege besteht aus 4 bis 6 weißlichen Eiern.

Mehlschwalbe

Größe: Wesentlich kleiner als Rauchschwalbe 13–15 cm. *Merkmale:* Oberseite blauschwarz mit weithin sichtbarem weißem Bürzel. Die gesamte Unterseite ist rein weiß. Der gegabelte Schwanz weist keine Schwanzspieße auf. *Stimme:* Ruft "prrit" oder "tschrit". Der schwätzende Gesang enthält auch diesen Ruf. *Verhalten:* Der Flug ist kräftig "flatterhaft", weit weniger elegant als der der Rauchschwalbe. *Lebensraum:* Jagt wie die Rauchschwalbe über offenem Gelände, aber häufiger in der Nähe der Brutkolonien an Häusern. *Vorkommen:* Weit verbreiteter, einst häufiger Brutvogel (LB über 1.000 Brutpaare), stark abhängig von der Duldung der Menschen und dem Angebot an Kunstnestern. *Wanderungen:* Überwintert in Afrika. Verläßt unsere Brutgebiete bis Ende September und kehrt Anfang April zurück. *Nahrung:* Ausschließlich Fluginsekten. *Brut:* Baut Nester an Häusern mit seitlichem Eingang, gern in Kunstnestern. Das Gelege besteht aus 4 bis 6 Eiern, oft zwei Bruten im Jahr.

Uferschwalbe
– Schweden Juli 2006

Rauchschwalbe
R – Aldingen Mai 2012

Mehlschwalbe
R – Aldingen Mai 2012

Rauchschwalbennest
R – Aldingen August 1987

Mehlschwalbennest
R – Poppenweiler August 2012

39

Mauersegler

Größe: Größer als Schwalben, 17–19 cm **Merkmale:** Die sehr langen, sichelförmigen Flügel und der schnelle Flug sind sehr auffällig. Mauersegler ähneln damit eher kleinen Falken als Schwalben. Auf kurze Distanz ist die helle Kehle des sonst rußschwarzen Vogels erkennbar. *Stimme:* Typische schrille Rufe "srie-srie". Sie sind nach der Ankunft im Mai und nach dem Ausfliegen der Jungvögel im Juli oft von größeren Gruppen zuhören. *Verhalten:* Mauersegler sieht man außer am Brutplatz nur fliegend. Sogar die Begattung findet im Flug statt. Da alle 4 Zehen nach vorne gerichtet sind, kann sich der Mauersegler nur "anhängen" und nicht wie Schwalben oder andere Vögel auf einem Ast sitzen. *Lebensraum:* Der Mauersegler bewohnt den Luftraum über Städten, zur Zugzeit oft über Seen und Flüssen.

Vorkommen: Verbreiteter, häufiger Brutvogel auch in unserem Raum (LB etwa 600 Brutpaare), vor allem in Stadtteilen mit alten Häusern, die entsprechende Brutplätze bieten und oft jahrzehntelang benutzt werden. *Wanderungen:* Mauersegler sind Langstreckenzieher. Unsere Brutvögel verlassen uns meistens bis Ende Juli und ziehen bis nach Südafrika. Durchzügler im September sind meistens skandinavische Brutvögel. Bis Ende April kehren unsere Mauersegler zu uns zurück. *Nahrung:* Ausschließlich Fluginsekten. Bei Kälte-Einbrüchen weichen die alten Segler daher nach Süden aus, etwa in den Mittelmeerraum. Die Jungen im Nest fallen in eine Art Winterschlaf. *Brut:* Baut unter Dächern und in Ritzen Nester aus Federn. Nimmt aber auch spezielle Segler-Nistkästen an. Legt 2-3 weiße Eier.

Alpensegler

Größe: Größer als Mauersegler, 20–23 cm *Merkmale:* Ähnlich Mauersegler, aber deutlich größer, oberseite erdbraun mit weißer Kehle und einer durch ein Brustband abgetrennten weißen Unterseite. *Stimme:* Unverkennbar: ein weit hallender Triller wie "tji–tji–tititititi", der oft beschleunigt und dann wieder verlangsamt wird. *Verhalten:* Wie der Mauersegler ein "Vogel der Lüfte", oft in der Nähe der Brutplätze in Städten. *Lebensraum:* Der Luftraum über Städten, oft über Seen oder in felsigen Gebieten. *Vorkommen:* Der Alpensegler ist vor allem eine südliche Vogelart, der man im Mittelmeerraum an vielen Stellen begegnen kann. In Deutschland besteht seit Jahrzehnten eine Brutkolonie in Freiburg/Breisgau, von wo aus sich die Art in geringer Zahl nach Norden ausgebreitet hat. 2011 hat offenbar ein Paar – vielleicht sogar zwei – in Stuttgart gebrütet. *Wanderungen:* Alpensegler ziehen später ab und erscheinen früher am Brutplatz als der Mauersegler. *Nahrung:* Fluginsekten. *Brut:* Brütet in Gebäuden unter Dachritzen und legt 2 bis 4 weiße Eier.

Mauerläufer

Größe: Kaum größer als Kohlmeise 16–17 cm *Merkmale:* Der fliegende Vogel ist sehr auffällig und erinnert mit den vorwiegend roten Flügeln an einen übergroßen Schmetterling. Der sitzende, dann vorwiegend grau erscheinende, recht kleine Vogel ist dagegen sehr leicht zu übersehen. *Stimme:* Pfeifender Gesang am Brutplatz *Verhalten:* Sucht an Felsen, Burgen oder Kirchen nach Insekten, oft an feuchten Stellem. *Lebensraum:* Brütet an Steilfelsen oder Steinbrüchen, gelegentlich an Burgen. *Vorkommen:* Der Mauerläufer besucht im Winter vereinzelt Steinbrüche, wo der kleine Vogel aber sicherlich oft übersehen wird. *Wanderungen:* Mauerläufer verlassen im Winter ihre alpinen Brutplätze und wandern in geringer Zahl bis in unseren Raum. *Nahrung:* Insekten. *Brut:* Brütet in Felsspalten, manchmal an Gebäuden. Das Gelege besteht aus 3 bis 5 weißen Eiern.

Mauersegler
R – Aldingen Mai 2012

Mauerseglernest
R – Kornwestheim Juli 2012

Alpensegler
– Namibia Oktober 2010

Mauerläufer
– Mittenwald Oktober 2010

41

Türkentaube

Größe: Viel kleiner als Ringeltaube 31–34 cm
Merkmale: Kleiner und schlanker als Ringeltaube, vorwiegend hell beigegrau. Kennzeichnend ist ein schwarzes, weiß eingerahmtes Nackenband. *Stimme:* Der Gesang ist dreisilbig: "du–dúh–du. Dazwischen sind fauchende Rufe zu hören. *Verhalten:* Hält sich gern in bewohnten Gebieten oder an Geflügelhaltungen auf. Nahrungssuche am Boden. *Lebensraum:* Die Türkentaube ist erst vor etwa 60 Jahren aus dem Südosten nach Mitteleuropa eingewandert und hat sich dem Menschen meistens eng angschlossen. *Vorkommen:* Verbreiteter, aber weniger häufiger Brutvogel als vor 20 Jahren (LB über 1.000 Brutpaare). *Wanderungen:* Winterflüchter, weitestgehend Jahresvogel. *Nahrung:* Sämereien, Gras und gelegentlich Insekten. Besucht Futterplätze. *Brut:* Baut sehr einfache Nester in Büsche und Bäume. Das Gelege besteht aus 2 bis 3 weißen Eiern.

Strassentaube

Größe: Etwas kleiner als Ringeltaube, 30–35 cm
Merkmale: Unsere Strassentauben sind Nachkommen der im Mittelmeerraum brütenden Felsentauben. Kennzeichnend sind zwei breite schwarze Flügelbinden, ein kleiner weißer Bürzelfleck und weiße, schwarz eingerahmte Unterflügel. Durch die Zucht von Tauben gibt es eine unendliche Farbenvielfalt bei Strassentauben. *Stimme:* Tiefe gedehnt gurrende Laute. "gruuk". *Verhalten:* Auffallend reißender Flug mit Flügelklatschen. Sucht auf Feldern, aber auch in Städten nach Nahrung aller Art.
Lebensraum: Ursprünglich Felsbewohner werden Gebäude aller Art als neuer Lebensraum angenommen. *Vorkommen:* Gebäude aller Art (LB über 1.000 Brutpaare) *Wanderungen:* Keine *Nahrung:* Getreide, Gras und Nahrungsreste aller Art. *Brut:* Baut Nester in Höhlungen von Gebäuden. In die sehr einfachen Nester werden 2 oder 3 weiße Eier gelegt.

Buntspecht

Größe: Häufigster und auffälligster Specht 23–26 cm *Merkmale:* Aufgrund der Größe und der schwarz–weiß–roten Färbung nur mit dem selteneren Mittelspecht (S. 62) zu verwechseln. Nur das alte Männchen hat rot am Hinterkopf. Jungvögel haben rote, schwarz begrenzte Scheitel. *Stimme:* Typischer Ruf: "kicks" oder kick–kick–kick". *Verhalten:* Klettert an Baumstämmen nach oben, wobei der Vogel durch den Stützschwanz seine Position behält. Seltener am Boden. *Lebensraum:* Wälder, Parks und Gärten. *Vorkommen:* Verbreiterter, häufiger Brutvogel (LB über 300 Brutpaare). *Wanderungen:* Unsere Buntspechte sind standorttreu. Es ziehen aber Spechte aus dem Nordosten Europas bei uns durch. *Nahrung:* Vorwiegend baumbewohnende Käfer und Schmetterlinge. Im Winter Sämereien und Früchter. Besucht Futterplätze. *Brut:* Schlägt Höhlen in Baumstämme, die danach oft von anderen Vogelarten genutzt werden. Das Gelege besteht aus 4 bis 6 weißen Eiern.

Gelbkopfamazone

Größe: Etwa taubengroß 35–38 cm *Merkmale:* Großer, untersetzter, vorwiegend hellgrüner Papagei mit hellgelbem Kopf. *Stimme:* Für Papageien typisches Kreischen. *Verhalten:* Hält sich vorwiegend in großen Bäumen auf. Sucht aber zur Nahrungsaufnahme auch Büsche und kleinere Bäume auf. *Lebensraum:* Diese Amazone besiedelt in ihrem ursprünglichen Vorkommensgebiet Laubwälder, teilweise in in der Nähe von Flüssen und Mangroven. Die hier eingeführten Vögel halten sich bevorzugt in Parks auf. *Vorkommen:* Nachdem vor etwa 30 Jahren einzelne Vögel ausgesetzt worden sind, lebt jetzt im Großraum Stuttgart ein Bestand von knapp 100 Vögeln, der aber seit einiger Zeit nicht weiter wächst. *Wanderungen:* Keine *Nahrung:* Blätter, Blüten, Früchte und Sämereien. *Brut:* Brütet in Baumhöhlen, oft in beträchtlicher Höhe. Das Gelege besteht aus 2 bis 3 weißen Eiern.

Türkentaube
R – Kornwestheim November 1989

Strassentaube
R – Pattonville März 2012

Buntspecht
R – Ludwigsburg Januar 2011

Gelbkopfamazone
R – Stuttgart Mai 1999

43

Turmfalke

Größe: Knapp taubengroß, 32–39 cm *Merkmale:* Schlank, schmale, lange Flügeln und langer Schwanz. Hellbraun mit dunkler Bänderung. Kopf und Schwanz des Männchens sind blaugrau. *Stimme:* Schrille Rufreihen wie "ki–ki–ki". *Verhalten:* Sitzt auf Baumspitzen, Masten und Gebäuden. Von dort aus Jagdflüge über Felder und Wiesen. Dabei *rüttelt* er oft, das heißt er fliegt längere Zeit an einer Stelle, um nach Beutetieren zu suchen (alter Name: *Rüttelfalke*). Andere Falken rütteln auch, sind aber in Deutschland selten. *Lebensraum:* Wiesen, Felder und Äcker. *Vorkommen:* Weit verbreitet in Feldgehölzen, an Waldrändern und in Siedlungen (LB 150–300 Brutpaare). *Wanderungen:* Vor allem Jungvögel ziehen im Winter in den Mittelmeerraum. Viele Turmfalken bleiben aber das ganze Jahr über im Brutgebiet. *Nahrung:* Vorwiegend Feldmäuse, aber auch Waldmäuse, Spitzmäuse, Maulwürfe, selten Vögel und Eidechsen. *Brut:* Brütet in Elsternestern und nimmt spezielle Nistkästen an. Das Gelege besteht aus 4–6 Eiern.

Wanderfalke

Größe: Taubengroß, 38–45 cm *Merkmale:* Größer, kräftiger, breitflügeliger und kurzschwänziger als der Turmfalke. Auffälliger schwarzer Bartstreif. Weibchen größer und weniger blau als die Männchen. Jungvögel oberseits braun, auf der Unterseite längsgestreift. *Stimme:* Hartes Keckern; am Brutplatz gedehnte, jammernde Rufe ("Lahnen"). *Verhalten:* Sitzt gern erhöht auf Masten, Felsen oder an Gebäuden. Erreicht im Sturzflug Geschwindigkeiten bis etwa 300 km/h. *Lebensraum:* Offene Landschaften aller Art. *Vorkommen:* Durch Pestizideinsatz einst stark gefährdet (1970), hat sich der Bestand heute wieder erholt (LB 6–10 Brutpaare). *Wanderungen:* Der Name ist für die Altvögel irreführend. Sie wandern kaum. Jungvögel wandern aber größere Strecken. *Nahrung:* Vögel, vorwiegend Tauben und Krähen, auch Enten oder Möwen. *Brut:* Baut keine Nester, brütet auf Felsbändern oder Plattformen an Gebäuden. Gelege mit 3 bis 5 Eiern.

Schleiereule

Größe: Etwa taubengroß, 33–39 cm *Merkmale:* Schlank, langbeinig und schlankflügelig. Die Unterseite ist weiß bis blaß bräunlich. Kennzeichnend ist der weiße Gesichtsschleier, der ihr ihren Namen eingebracht hat. *Stimme:* Flugruf "chrüüh", am Brutplatz fauchende und schnarchende Rufe. *Verhalten:* Verbringt den Tag in Höhlungen, Scheunen oder Nistkästen. Fliegt fast ausschließlich bei Dunkelheit. *Lebensraum:* Offene Flächen wie Wiesen, Äcker, Felder und Waldränder. Oft in der Nähe menschlicher Siedlungen. *Vorkommen:* Im Bereich landwirtschaftlicher Flächen weit verbreitet (LB bis über 100 Brutpaare). Der Verlust von Brutmöglichkeiten hat den Bestand verringert und strenge Winter führen zu großen Bestandseinbußen. *Wanderungen:* Standvogel und Winterflüchter. *Nahrung:* Vorwiegend Feldmäuse, vereinzelt Spitzmäuse und Vögel. *Brut:* Brütet in Höhlungen und Nistkästen. Legt 4 bis 7 Eier, in "Mäusejahren" mehr. *Gefährdung:* Als Brutvogel in Deutschland im Bestand gefährdet.

Waldohreule

Größe: Etwa taubengroß, 32–38 cm *Merkmale:* Oberseits braun mit hellen Streifen, unterseits hell mit dunklen Streifen. Die langen Federohren werden bei Erregung aufgerichtet. Diese Schmuckfedern steigern das Hörvermögen nicht. Die Ohren liegen schräg unterhalb der Augen. *Stimme:* Zur Balzzeit tiefe "woh–woh–woh"–Rufreihe. Junge Eulen haben auffällig fiepende Rufe wie "psieeh". *Verhalten:* Gaukelnder Jagdflug oft in der Dämmerung. *Lebensraum:* Ein Vogel von Feldgehölzen, Parks oder Gärten, kaum im geschlossenen Wald. *Vorkommen:* Weit verbreitet in offener Landschaft, nicht selten in Siedlungen mit Gärten älterer Bäume (LB 50–150 Brutpaare) *Wanderungen:* Vorwiegend Standvogel *Nahrung:* Vor allem Feldmäuse, selten Vögel, Frösche und Regenwürmer. *Brut:* Baut keine Nester, benützt alte Elstern–, Krähen– oder Greifvogelnester. Legt 3–5 Eier, in Mäusejahren auch mehr. *Gefährdung:* Rückgang durch Zerstörung des Lebensraumes und Intensivierung der Landwirtschaft.

Turmfalke
R – Aldingen Juli 2010

Wanderfalke
R – Neckarrems Dezember 2009

Schleiereule
R – Neckargröningen April 2012

Waldohreule
R – Aldingen September 2011

45

Vögel der Gärten und Streuobstwiesen

Steinkauz, Wendehals, Halsbandschnäpper und
Gartenrotschwanz sind im Bereich von Remseck
die besonders schützenswerten Vogelarten,
die vor allem in den ökologisch wertvollen
Streuobstwiesen anzutreffen sind.

Singdrossel

Größe: Knapp amselgroß 20–22 cm *Merkmale:* Oberseits einfarbig braun, unterseits weißlich bis blaß gelbbraun mit tropfenförmigen schwarzen Flecken, Unterbauch ungefleckt. *Stimme:* Typischer Einzelruf: "zipp", warnt mit "tix–ix–ix", der Gesang ist sehr variabel und besteht aus Elementen wie "tilu", "tiri" oder "troie", die immer ein– bis dreimal wiederholt werden. *Verhalten:* Hält sich wie die Amsel zur Nahrungssuche meistens auf dem Boden auf. *Lebensraum:* Wälder aller Art, Gärten und Parks mit Wiesen. *Vorkommen:* Weit verbreiteter, häufiger Brutvogel (LB über 1.000 Brutpaare). *Wanderungen:* Die Singdrossel verläßt unseren Raum im Oktober und kehrt Anfang März zurück. Den Winter verbringt sie meistens im Mittelmeerraum. *Nahrung:* Regenwürmer, Raupen, Insekten und Schnecken, aber auch Früchte. *Brut:* Baut kunstvolle mit Lehm ausgekleidete Nester in Bäumen. Die Gelege enthalten 3 bis 6 grünliche, kaum gepunktete Eier.

Misteldrossel

Größe: Gut amselgroß 26–29 cm *Merkmale:* Oberseits bräunlich grau, unterseits weiß mit kreisrunden, schwarzen Flecken. *Stimme:* Typischer Flugruf "tschirrr". Der Gesang ähnelt dem der Amsel, hat aber einen geringeren Tonumfang und klingt durch abfallende Elemente etwas melancholisch. *Verhalten:* Hält sich auch oft auf dem Boden auf und fällt neben anderen Drosseln durch die Größe und die oft aufrechtere Körperhaltung auf. *Lebensraum:* Laub– und Mischwälder, im Winter an Wasserläufen mit Misteln. *Vorkommen:* Seltener Brutvogel (LB über 100 Brutpaare), regelmäßiger Durchzügler und Wintergast in geringer Zahl. *Wanderungen:* Kurzstreckenzieher, der die Brutgebiete verläßt, aber wenigstens teilweise in Mitteleuropa überwintert. *Nahrung:* Würmer, Raupen, Käfer, aber auch Früchte wie Mistelbeeren. *Brut:* Baut Nester in Bäumen. Die Gelege enthalten 4 bis 6 grünliche Eier.

Wacholderdrossel

Größe: Gut amselgroß 22–27 cm *Merkmale:* Unsere bunteste Drossel, Kopf und Bürzel hellgrau, dazwischen der rotbraune Mantel. Die helle Unterseite ist wie anderen Drosseln dunkel gefleckt, die Brust ist bräunlich orange. *Stimme:* Typischer Ruf: "tsckack", oft gereiht. Simpler Gesang mit quäkenden und gepressten Elementen. *Verhalten:* Oft mit anderen Drosseln auf Wiesen und Weiden bei der Nahrungssuche. *Lebensraum:* Gärten und Parks, meidet Wälder. *Vorkommen:* Eher seltener Brutvogel (LB über 300 Brutpaare), aber häufiger Durchzügler und Wintergast. *Wanderungen:* Von Ende September bis Anfang April häufiger Gast. Die Brutvögel sind weniger auffällig. *Nahrung:* Würmer, Raupen und Käfer wie die anderen Drosseln, aber im Winter häufiger Äpfel und andere Früchte. *Brut:* Baut Nester in Bäumen. Das Gelege besteht aus 4 bis 6 grünlichen Eiern.

Rotdrossel

Größe: Knapp singdrosselgroß, 19–23 cm *Merkmale:* Oberseits dunkler braun als die anderen Drosseln. Ein rahmfarbener Streif über dem Auge ist ebenso kennzeichnend wie die kräftig rostfarbenen Flanken. Die helle Unterseite ist zur Brust hin so dicht gefleckt, daß sie gestreift erscheint. *Stimme:* Den typischen Flugruf "tssiieh" hört man an den Rastplätzen, aber auch in der Nacht von ziehenden Rotdrosseln. *Verhalten:* Sucht mit anderen Drosseln auf Wiesen und Weiden nach Nahrung. *Lebensraum:* Bewohnt die lichten Wälder des hohen Nordens. Auf dem Zug auf Wiesen und Weiden. *Vorkommen:* Durchzügler, meist in geringer Zahl. *Wanderungen:* Vorwiegend Durchzügler in den Monaten März–April und September–Oktober. Vereinzelt auch bei uns im Winter. *Nahrung:* Wie die anderen Drosseln Würmer, Raupen, Käfer und Früchte. *Brut:* Baut Nester nahe am Boden. Das Gelege besteht aus 4 bis 6 Eiern.

Singdrossel
R – Hochdorf März 2012

Misteldrossel
– Schottland Juli 2007

Wacholderdrossel
R – Max-Eyth-See Mai 1988

Rotdrossel
–Helgoland Oktober 2010

Stieglitz

Größe: Kleiner als Buchfink 12–14 cm **Merkmale:** Mit dem rot–weiß–schwarzern Kopf und dem goldgelben Flügelfeld einer der buntesten heimischen Vögel. Jungvögel haben noch graue Köpfe. **Stimme:** Sein Ruf hat ihm den Namen gegeben: "stiglit" oder "stitit". Der Gesang enthält ähnliche Rufe, verbunden mit zwitschernden und trillernden Elementen. **Verhalten:** Sucht Nahrung in den äußersten Zweigen der Bäume, oft aber auf niedrgen Pflanzen wie Disteln (alter Name Distelfink) und Kletten. **Lebensraum:** Gärten, Streuobstwiesen, Ackerrandstreifen und lichte Wälder. **Vorkommen:** Weit verbreiteter, aber nicht häufiger Brutvogel (LB über 1.000 Brutpaare). **Wanderungen:** Jahresvogel, osteuropäische Stieglitze ziehen nach Südwesten. **Nahrung:** Vorwiegend Pflanzensamen und Blüten, wenig Insekten. **Brut:** Baut Nester zwischen die äußeren Zweige von Bäumen. Das Gelege besteht aus 4 bis 6 weißen, rotbraun gepunkteten Eiern.

Girlitz

Größe: Kleinster, nur meisengroßer Finkenvogel 11–12 cm **Merkmale:** Vorwiegend gelblich grün gefärbt mit dunklen Stricheln. Das Männchen fällt durch die zitronengelbe Einrahmung der dunklen Wangen sowie durch den gelben Bürzel auf. Weibchen sind unauffälliger matt grün, aber auch am gelbem Bürzel zu erkennen. **Stimme:** Seinem Namen ähnlich "tirilit". Der sehr hohe, quietschende Gesang erinnert an einen auf einer nassen Scheibe bewegten Korken. **Verhalten:** Bewegt sich wie die meisten Finken mit einem hüpfenden Flug. Sucht pflanzliche Nahrung am Boden, auf Büschen und Bäumen. **Lebensraum:** Offene Landschaften mit Hecken und Büschen, oft in Weinbergen. **Vorkommen:** Verbreiteter, aber nicht sehr häufiger Brutvogel (LB über 1.000 Brutpaare) **Wanderungen:** Verläßt unseren Raum im Oktober und kehrt ab Mitte März zurück. Vereinzelt im Winter. **Nahrung:** Fast ausschließlich pflanzliche Kost. **Brut:** Baut Nester in Büsche und Bäume. Legt meistens 4 bis 6 helle, dunkel gepunktete oder gefleckte Eier.

Kernbeißer

Größe: Gut buchfinkengroßer, kräftiger Fink 16–18 cm **Merkmale:** Vorwiegend gold– bis dunkelbrauner Fink mit weißem Flügelstreif und breiter weißer Endbinde des Schwanzes. Der extrem kräftige Schnabel ist zur Brutzeit dunkelblau, im Winter hornfarben. **Stimme:** Hart und laut "tix", oft gefolgt von einem pfeifenden "tuiuh". **Verhalten:** Sitzt im Winter oft im Bereich der Baumspitzen. Zur Brutzeit ist er oft in den Kronen der Bäume verborgen. **Lebensraum:** Laubwald, Gärten, Parks und Friedhöfe. **Vorkommen:** Weit verbreitet, aber eher selten (LB wohl unter 100 Brutpaare). **Wanderungen:** Vorwiegend Jahresvogel, zieht bei extremem winterlichen Wetter. **Nahrung:** Knackt Kirschkerne, frißt Blütenteile und Insekten. Besucht im Winter Futterplätze. **Brut:** Baut Nester in den Kronen von Laub– und Obstbäumen. Das Gelege besteht aus 3 bis 6 hellblauen, schwarz gepunkteten bis gefleckten Eiern.

Gimpel

Größe: Größer als Buchfink 15–18 cm **Merkmale:** Das Männchen ist mit der hellroten Unterseite (Dompfaff) und der schwarzen Kopfkappe unverkennbar. Der Rücken ist grau, der Bürzel, der Unterbauch und eine Flügelbinde sind weiß. Das Weibchen ist auch auf der Unterseite grau. Jungvögel haben einen ganz grauen Kopf. **Stimme:** Typischer Ruf: weich "hiüh", manchmal gefolgt von "grü–grü". **Verhalten:** Hält sich vorwiegend in Bäumen auf. **Lebensraum:** Mischwälder, Parks und Friedhöfe. **Vorkommen:** Inzwischen recht selten gewordener Brutvogel (LB wohl unter 100 Brutpaare). Skandinavische und osteuropäische Vögel erscheinen oft ab Oktober. **Wanderungen:** Einheimische Gimpel ziehen kaum. Nordische Vögel ziehen in unsere Breiten. **Nahrung:** Knospen und Samen, auch Insekten. Besucht Futterplätze. **Brut:** Baut Nester gut geschützt in dichte Nadelbäume oder Sträucher. Das Gelege besteht aus 4 bis 6 blaß blauen, schwarz gepunkteten Eiern.

Stieglitz
R – Vördere September 2007

Girlitz
– München März 2012

Kernbeißer
R – Neckarrems August 2010

Gimpel
R – Ludwigsburg Februar 1988

Mönchsgrasmücke

Größe: Etwa kohlmeisengroß 13–15 cm *Merkmale:* Das Männchen unserer häufigsten Grasmücke ist fast einheitlich grau mit schwarzer Kappe. Das Weibchen ist bräunlicher und hat eine rotbraune Kappe. *Stimme:* Der typische Ruf ist ein "täk" (Gartenscherenruf), der dem der Gartengrasmücke aber äußerst ähnlich ist. Der Gesang ist sehr variabel schwätzend oder flötend und endet meist mit einem wiederholten "tüdio", dem Leiern. *Verhalten:* Sucht in Bäumen und Büschen nach Nahrung. *Lebensraum:* Laub– und Mischwald, Gärten und Parks. *Vorkommen:* Weit verbreiteter, häufiger Brutvogel (LB über 5.000 Brutpaare). *Wanderungen:* Verläßt unseren Raum im Oktober und kehrt Mitte März zurück. Überwintert im Mittelmeerraum. *Nahrung:* Vorwiegend Insekten, im Herbst Beeren und andere Früchte. *Brut:* Baut Nester in Bäume und Büsche. Das Gelege besteht aus 4 bis 6 weißlich braunen, dunkel gefleckten Eiern.

Dorngrasmücke

Größe: Ähnlich Mönchsgrasmücke 13–15 cm *Merkmale:* Eine oberseits graubraune Grasmücke mit einem auffälligen rotbraunen Fleck auf dem Flügel. Die Kehle ist weiß, der Bauch bräunlich rosa. *Stimme:* Warnt mit "wäd–wäd–wäd–Rufen. Der hastige, schwätzende Gesang ist wenig melodisch und enthält viele raue und kratzende Elemente. *Verhalten:* Vorwiegend in Hecken, Büschen und Dornengestrüpp, oft auf den Gebüschspitzen. *Lebensraum:* Waldränder, Gärten und Hecken mit Dornengestrüpp. *Vorkommen:* Verbreiteter Brutvogel (LB über 300 Brutpaare), dessen Bestände sich in den letzten Jahren gut erholt haben, aber immer noch seltener als die vorausgehenden Arten. *Wanderungen:* Verläßt unseren Raum im September und kehrt Mitte April wieder zurück. Zieht bis nach Nordafrika. *Nahrung:* Insekten, Spinnen und andere Wirbellose. *Brut:* Baut Nester in Hecken und Büsche. Das Gelege besteht aus 3 bis 6 hellbraunen, meistens wenig gefleckten Eiern.

Gartengrasmücke

Größe: Etwas kleiner als Mönchsgrasmücke 13–14 cm *Merkmale:* Keine auffälligen Merkmale. Oberseits hellbraun, unterseits bräunlich weiß. Das Auge ist dunkel. *Stimme:* Ruft "täk" etwa wie die Mönchsgrasmücke. Auch die Unterscheidung der Gesänge erfordert Übung. Die Strophen der Gartengrasmücke sind länger, mehr schwätzend und enthalten nicht so hohe Töne. Die Gartengrasmücke leiert nicht. *Verhalten:* Sucht vorwiegend in Bäumen und dichtem Gebüsch Insekten. *Lebensraum:* Laub– und Mischwald, Gärten und Parks. *Vorkommen:* Verbreiteter, häufiger Brutvogel (LB über 3.000 Brutpaare), aber seltener als die Mönchsgrasmücke. *Wanderungen:* Verläßt unseren Raum im September und zieht nach Afrika. Kehrt erst spät, meist Anfang Mai wieder zurück. *Nahrung:* Vorwiegend Insekten, im Herbst auch Beeren und andere Früchte. *Brut:* Baut Nester in Bäume und Sträucher. Das Gelege besteht aus 4 bis 5 weißlichen bis hellbraunen, dunkel gefleckten Eiern.

Klappergrasmücke

Größe: Etwas kleiner als die anderen Arten 13–14 cm *Merkmale:* Ähnelt einer kleinen, grauen Dorngrasmücke. Der Kopf ist aber dunkler grau und der Flügel immer ohne rotbraune Federn. *Stimme:* Ruft unauffällig "tett". Der Gesang besteht aus einem schwätzenden Anfang, dem ein unverkennbares Klappern folgt "tekekekekek". *Verhalten:* Sucht in Obst– und Nadelbäumen sowie in Hecken nach Insekten. *Lebensraum:* Gärten, Waldränder, Parks und Friedhöfe. *Vorkommen:* Verbreiteter Brutvogel (LB etwa 300 Brutpaare), aber seltener als die anderen Grasmücken. *Wanderungen:* Verläßt unseren Raum Ende September und kehrt Anfang April wieder zurück. Zieht bis Nordafrika. *Nahrung:* Insekten, Spinnen und andere Wirbellose. *Brut:* Baut Nester in Bäume und Büsche. Das Gelege enthält 4 bis 7 weißliche, braun gepunktete Eier.

Mönchsgrasmücke
R – Freiberg April 2011

Gartengrasmücke
– Helgoland Oktober 2002

Dorngrasmücke
– Rüdesheim Mai 1995

Klappergrasmücke
– Kuwait November 2008

Halsbandschnäpper

Größe: Etwa meisengroß 12–14 cm

Merkmale: Das schwarzweiße Männchen ist sehr auffällig durch die leuchtend weiße Unterseite, die großen weißen Flügelfelder und das weiße Halsband. Auf kurze Entfernung sind auch der weiße Bürzel und ein weißer Stirnfleck erkennbar. Die dunklen Gefiederteile des männlichen Halsbandschnäppers sind im Gegensatz zum Trauerschnäpper immer tief schwarz. Das Weibchen ist dem weiblichen Trauerschnäpper extrem ähnlich, oberseits hell graubraun mit schmalen weißen Flügelstreifen. Das Halsband ist nur angedeutet.

Stimme: Ruft kennzeichnend "fiehd", beim Gesang werden 2 oder 3 leisere, gepreßte Pfeiftöne angeschlossen.

Verhalten: Sitzt gern auf den Spitzen von Obstbäumen oder Masten und macht von dort aus Jagd auf fliegende Insekten. Die Weibchen sind viel heimlicher.

Lebensraum: Offener Laubwald und Gärten, bei uns meistens Streuobstwiesen.

Vorkommen: Der Halsbandschnäpper ist in Deutschland ein seltener Brutvogel. Er hat bei uns ein Verbreitungszentrum und etwa seine westliche Verbreitungsgrenze. Er kommt im Osten bis Russland und im Norden bis Öland vor. In unserem Raum regelmäßiger Brutvogel (LB über 200 Brutpaare).

Wanderungen: Halsbandschnäpper verlassen das Brutgebiet meistens schon im Juli und überwintern wohl vorwiegend in Westafrika. Gegen Mitte April kehren unsere Brutvögel an ihre Brutplätze zurück.

Nahrung: Fliegende Insekten, Schmetterlinge, Käfer, aber auch Raupen.

Brut: Baut Nester in Baumlöcher, Spechthöhlen und Nistkästen. Das Gelege besteht aus 4 bis 6 schwach bläulichen Eiern.

Halsbandschnäpper (an Naturhöhle)
R – Öffingen Mai 2011

Trauerschnäpper

Größe: Etwa meisengroß 12–14 cm *Merkmale:* Ähnlich Halsbandschnäpper, aber ohne Halsband und mit weniger Weiß auf den Flügeln und an der Stirn. Viele Männchen sind auch braun statt schwarz. Die Weibchen sind geringfügig dunkler als die Halsbandschnäpper. *Stimme:* Ruft kennzeichnend scharf "pitt". Die Gesangsstrophe ist lang, wie "tsrit–tsrit–wuti–wuti–wuti". *Verhalten:* Ähnlich Halsbandschnäpper gern auf Baumspitzen. *Lebensraum:* Laubwald, Gärten und Streuobstwiesen. *Vorkommen:* In Deutschland viel häufiger als der Halsbandschnäpper, brütet aber nur sehr selten in unserem Raum, ist aber regelmäßiger Durchzügler. *Wanderungen:* Durchzug April–Mai sowie August bis Anfang Oktober. *Nahrung:* Fluginsekten, Raupen und Käfer. *Brut:* Baut Nester in Spechthöhlen und Nistkästen. Das Gelege besteht aus 4 bis 7 hellbläulichen Eiern.

Halsbandschnäpper (♂)
R – Öffingen Mai 2011

Halsbandschnäpper (♀)
R – Öffingen Mai 1988

Trauerschnäpper (♂)
🌐 – Finnland Juni 1993

Trauerschnäpper (♀)
🌐 – Freising Juni 2009

Zilpzalp (Weidenlaubsänger)

Größe: Kleiner als Meisen 10–12 cm *Merkmale:* Klein, schlank, unscheinbar grünlich mit gelblicher Unterseite und hellem Streifen über dem Auge. Die Beine sind typischerweise schwarz oder dunkelbraun. *Stimme:* Typischer Ruf: "hüit". Der Gesang ist unverkennbar, er gab ihm den Namen: "tilp–talp", "tsilp–tsalp" oder "tschiff–tschäff". *Verhalten:* Sehr lebhaft, sucht pausenlos in den äußersten Zweigen von Büschen und Bäumen nach kleinen Insekten und Spinnen. *Lebensraum:* Offener Laubwald, Waldränder, Gärten und Parks. *Vorkommen:* Weit verbreiteter, häufiger Brutvogel (LB über 3.000 Brutpaare). *Wanderungen:* Zieht Ende Sept./Anfang Oktober in den Mittelmeerraum und kehrt Anfang März zurück, vereinzelt im Winter. *Nahrung:* Kleine Insekten, Blattläuse und Spinnen. *Brut:* Baut zierliche mit Federn ausgepolsterte Kugelnester am Boden oder niedrig in Sträuchern und Büschen. Das Gelege besteht aus 4 bis 7 weißlichen, dunkel gepunkteten Eiern.

Fitis (Fitislaubsänger)

Größe: Kleiner als Meisen 10–12 cm *Merkmale:* Dem Zilpzalp so ähnlich, daß die Bestimmung aufgrund des Gefieders schwierig ist, insgesamt aber heller, auf der Unterseite gelblicher und mit helleren, braunen Beinen. *Stimme:* Auch der typische Ruf ist dem des Zilpzalps ähnlich, etwas weicher und gedehnter "woid". Der "liebliche" Gesang wurde über Jahrzehnte als Untermalung in Liebesfilmen benützt. Es ist eine weiche, flüssig abfallende Reihe von Fötentönen. *Verhalten:* Ähnlich wie Zilpzalp. *Lebensraum:* Offener Laubwald, Waldränder, Gärten und Parks. *Vorkommen:* Verbreiteter Brutvogel (LB über 200 Brutpaare), aber seit mehreren Jahren deutlich im Bestand abnehmend. *Wanderungen:* Zieht im Sept./Okt. nach Afrika und kehrt Anfang April zurück. *Nahrung:* Kleine Insekten, Blattläuse und Spinnen. *Brut:* Baut zierliche, mit Federn ausgepolsterte Nester in Sträucher und Büsche nahe am Boden. Das Gelege besteht aus 4 bis 7 weißlichen, rotbraun gefleckten Eiern.

Gelbspötter

Größe: Knapp meisengroß, 12–13 cm *Merkmale:* Ähnlich Fitis, aber größer und unterseits gelber. Beim singenden Vogel fällt der orangerote Schlund auf. *Stimme:* Typischer Ruf: dreisilbig "da–da–woeid". Der Gesang ist sehr variabel und enthält oft Rufe und Gesänge anderer Vogelarten. Immer wiederkehrende Teile sind quäkende "kwied–kwied"–Rufe und eine an eine Tonleiter erinnernde, aufsteigende Reihe von Flötentönen. *Verhalten:* Sucht in den Wipfeln von Bäumen nach Insekten. *Lebensraum:* Auwälder und andere feuchte Laubwälder. *Vorkommen:* Nach jahrzehntelangen Rückgangen heute nur noch seltener Brutvogel (LB 10 bis 50 Brutpaare). *Wanderungen:* Verläßt unseren Raum im August und kehrt Anfang Mai zurück. *Nahrung:* Insekten in den Wipfeln der Bäume. *Brut:* Baut geflochtene Napfnester, meistens in Astgabeln höherer Bäume. Das Gelege besteht aus 4 bis 5 hellbraunen, schwarz gepunkteten Eiern.

Nachtigall

Größe: Knapp buchfinkengroß 15–16 cm *Merkmale:* Drosselähnliche Gestalt wie Rotkehlchen, aber viel größer und unscheinbarer. Oberseits braun, unterseits weißlich grau mit grauem Kopf. Der rostrote Schwanz ist das einzig auffällige Merkmal. *Stimme:* Warnt tief knarrend „karr". Der sagenumwobene Gesang wird nicht nur, aber auch in der Nacht vorgetragen, offenbar um ziehende Weibchen anzulocken. Er enthält ein langgezogenes Crescendo und schluchzende Elemente. *Verhalten:* Hält sich meistens in Büschen und Bäumen verborgen, manchmal aber frei am Boden sichtbar. *Lebensraum:* Dichte Heckenlandschaft, Friedhöfe, oft in der Nähe von Gewässern. *Vorkommen:* Verbreiteter Brutvogel (LB 100 bis 300 Brutpaare). *Wanderungen:* Zieht im August–September ins tropische Afrika und kehrt Mitte April zurück. *Nahrung:* Insekten, Raupen und kleine Würmer. *Brut:* Baut Nester am Boden in dichtem Unterholz. Das Gelege enthält 4 bis 5 dunkelbraune Eier.

Zilpzalp
 – Helgoland Oktober 2007

Fitis
 – Helgoland September 2008

Gelbspötter
R – Max-Eyth-See Mai 2002

Nachtigall
R – Freiberg April 2011

Neuntöter (Rotrückiger Würger)

Größe: Gut buchfinkengroß 16–18 cm **Merkmale:** Die Würger sind Singvögel, die ähnlich kleinen Greifvögeln einen kräftigen an Falken erinnernden Schnabel besitzen, mit dem sie große Insekten oder kleine Wirbeltiere erbeuten können. Das Männchen des Neuntöters, des kleinsten europäischen Würgers, ist durch den rotbraunen Rücken, den blaugrauen Kopf mit der schwarzen Maske und die blaßrote Unterseite unverkennbar. Kopf und Unterseite des Weibchens sind viel unauffälliger graubraun. Die Jungvögel sind auf der dem Rücken und auf dem Scheitel auffällig hell geschuppt. **Stimme:** Bis zum Ausfliegen der Jungvögel sind Neuntöter meistens still und heimlich. Nach dem Ausfliegen der Jungen warnen sie mit rätschenden Rufen. Der Gesang ist leise, unauffällig und nur selten zu hören.

Verhalten: Sitzt zur Zugzeit gern auf Hecken oder Büschen und macht von dort Jagdflüge meistens auf den Boden, um größere Insekten zu erbeuten. Bei einem größeren Angebot an Beutetieren, werden sie manchmal zur Speicherung auf die Dornen von Büschen aufgespießt. Das können manchmal 9 Beutetiere sein. **Lebensraum:** Heckenlandschaften, Waldränder, auch Streuobstwiesen mit Dornbüschen. **Vorkommen:** Alle Würger haben in den vergangenen 50 Jahren in Euroipa dramatische Bestandseinbußen erlitten. So ist der Neuntöter auch in unserem Raum nur noch seltener Brutvogel (LB wohl unter 20 Brutpaare). **Wanderungen:** Zieht im August ins tropische Afrika und kehrt Anfang Mai zurück. **Nahrung:** Große Insekten: Käfer, Heuschrecken, Grillen und Schmetterlinge. **Brut:** Baut Nester in Hecken, Büsche und niedrige Bäume. Das Gelege besteht aus 4 bis 6 blaßbraunen, dunkler gefleckten Eiern.

Rotkopfwürger

Größe: Größer als Neuntöter 17–19 cm **Merkmale:** Oberseite schwärzlich mit weißem Schulterfleck und rotbrauner Kappe. Unterseite leuchtend weiß. **Stimme:** Warnt mit „wäd" oder „tschärr". **Verhalten:** Ähnlich Neuntöter, sitzt aber öfter auf höheren Jagdwarten. **Lebensraum:** Bevorzugt eher Streuobstwiesen mit höheren Bäumen, aber auch Hecken. **Vorkommen:** Dieser hier früher regelmäßig vorkommende Brutvogel ist aus Süddeutschland weitestgehend verschwunden. In unserem Raum nur noch sehr seltener Gast. Die noch vorhandenen Streuobstwiesen könnten aber eine Rückkehr ermöglichen. **Wanderungen:** Zieht im August ins tropische Afrika und kehrt gegen Ende April wieder zurück. **Nahrung:** Noch mehr als der Neuntöter auf größere Insekten angewiesen: Käfer, Heuschrecken, Maulwurfsgrillen sowie Schmetterlinge und Raupen. **Brut:** Baut Nester in größere Büsche oder Bäume. Das Gelege besteht aus 4 bis 6 weißen, braun gefleckten Eiern.

Schwarzstirnwürger

Größe: Knapp drosselgroß 19–21 cm **Merkmale:** Oberseits grauer Würger mit schwarzen Flügeln sowie schwarzem Augenstreif mit schwarzer Stirn. Der Bauch ist kräftig rosa überhaucht. **Stimme:** Selten tschackernde Rufe. **Verhalten:** Macht von Masten und Drähten sowie von Büschen oder Bäumen aus Jagdflüge auf Großinsekten, vor allem Käfer, Heuschrecken, Maulwurfsgrillen und größere Schmetterlinge. **Lebensraum:** Offene Gärten mit Wiesen und Weiden, auch Parklandschaften und Buschland. **Vorkommen:** Bis vor etwa 60 Jahren Brutvogel auch in unserem Raum. Inzwischen als Brutvogel aus ganz Deutschland verschwunden. **Wanderungen:** Zieht im August nach Afrika und kehrt im Mai wieder zurück. **Nahrung:** Große Insekten: Käfer, Heuschrecken, Maulwurfsgrillen und große Schmetterlinge. **Brut:** Die Nester werden in Büsche und Bäume gebaut. Die Gelege enthalten 3 bis 5 blaßbraune, dunkel gefleckte Eier.

Neuntöter
R – Freiberg Mai 2011

Neuntöter (Jungvogel)
R – Neckargröningen September 2012

Rotkopfwürger
R – Ossweil Mai 2009

Schwarzstirnwürger
– Kuwait April 2007

59

Seidenschwanz

Größe: Knapp drosselgroß 19–21 cm **Merkmale:** Aufgrund der graubraunen, deutlich rötlichen Gesamtfäbung und dem markanten Häubchen leicht erkennbar. Der Schwanz und die Flügel weisen rote, gelbe und weiße Abzeichen auf, die auf kurze Entfernung auffallen. **Stimme:** Auch das hohe Klingeln ist unverkennbar. Es hört sich wie ein schnelles „slililili" an. **Verhalten:** In manchen Jahren fallen Seidenschwänze zu dutzenden in Hecken mit Beeren ein, Schneeball, Rotdorn, Holunder oder Weißdorn. Im Fluge erinnern sie sehr an Stare. **Lebensraum:** Diese hochnordischen Gäste kommen in Mitteleuropa in Parks, Gärten und an Waldrändern vor. **Vorkommen:** In unserem Raum sieht man oft mehrere Jahre keine Seidenschwänze. In anderen Jahren werden hunderte in Süddeutschland beobachtet, meistens von Dezember bis März. **Wanderungen:** Die bei uns auftretenden Seidenschwänze stammen aus Skandinavien oder aus Russland. **Nahrung:** Im Brutgebiet Insekten, bei uns Beeren.

Zwergohreule

Größe: Viel kleiner als Steinkauz 19 cm **Merkmale:** Diese kleine Eule ist durch das graubraune, dunkler gestrichelte und gesprenkelte Gefieder (Rindenmuster) sehr gut getarnt. Auch die kleinen Federohren fallen kaum auf, weil sie oft angelegt werden. **Stimme:** Der Gesang ist eine monotone Reihe von „tüüh"-Rufen im Abstand von 2 bis 4 Sekunden. **Verhalten:** Sitzt tagsüber meistens gut getarnt in Bäumen oder Baumhöhlen. Geht nachts auf Jagd nach Großinsekten. **Lebensraum:** Offene Gärten, Parkanlagen und Alleen. **Vorkommen:** Diese mediterrane Eule ist nur zweimal in unserem Raum festgestellt worden. Die Nachweise in Deutschland haben aber in den letzten Jahren zugenommen. **Wanderungen:** Die europäischen Zwergohreulen verbringen den Winter meistens in Nordafrika. **Nahrung:** Großinsekten, Heuschrecken, Käfer, Schmetterlinge. **Brut:** Die Gelege in Baumhöhlen enthalten 3 bis 5 weiße Eier.

Steinkauz

Größe: Knapp elsterngroß 23–28 cm **Merkmale:** Oberseits braune Eule mit weißen Flecken, unterseits hell mit dunklen Streifen. Der Kopf ist flach, die Augen gelb. Der Steinkauz ist tag– und nachtaktiv. **Stimme:** Sehr variabel: warnt mit „wifföf", Gesang wie „guhg" oder „guiug". **Verhalten:** Sitzt tagsüber oft gut sichtbar auf Bäumen und Masten in der Nähe der Bruthöhle. Jagt vorwiegend in der Dämmerung, aber auch am Tage. **Lebensraum:** Offene Gärten, Streuobstwiesen und Parks. **Vorkommen:** Diese in vielen Teilen Deutschlands sehr seltene oder sogar fehlende Eulenart ist in unserem Raum vergleichsweise häufig (LB 50–100 BP). Ein Erfolg der Hilfsmaßnahmen und der Erhaltung unserer Streuobstwiesen. **Wanderungen:** Jahresvogel. Die Jungvögel verlassen aber im Spätsommer die alten Reviere und legen bei der Suche neuer Reviere beträchtliche Strecken zurück. **Nahrung:** Unterschiedlich: Mäuse, Vögel, Regenwürmer, vereinzelt Frösche. **Brut:** Die Gelege in Niströhren und Naturhöhlen enthalten 3 bis 6 weiße Eier.

Wendehals

Größe: Gut buchfinkengroß 16–18 cm **Merkmale:** Dieser mit den Spechten verwandte Vogel weist viele Besonderheiten auf. Die Färbung tarnt ihn aufgrund des „Rindenmusters". Man hört ihn deshalb meistens bevor man ihn sieht. **Stimme:** Der Gesang klingt etwas kläglich, es ist eine längere Serie von „djiet–djiet–djiet"–Rufen. **Verhalten:** Der Wendehals ist oft in dicht belaubten Bäumen verborgen. Er geht aber auch auf Ameisenjagd am Boden. Er hängt sich nicht wie die Spechte an Baumstämme. **Lebensraum:** Sehr offener Laubwald, Gärten, Parks und Streuobstwiesen. **Vorkommen:** Regelmäßiger Brutvogel in geringer Zahl (LB 10 bis 100 BP). Durchzügler im April–Mai und im August–September. **Wanderungen:** Der Wendehals zieht im August–September nach Afrika und kehrt ab Ende März wieder zurück. **Nahrung:** Ameisen und andere Insekten. **Brut:** Legt die 6 bis 9 weißen Eier in Höhlen anderer Spechte oder in Nistkästen. **Gefährdung:** Der deutsche Brutbestand ist im Bestand gefährdet.

Seidenschwanz
🌍 – Helgoland Oktober 2010

Steinkauz
R – Aldingen Juni 2011

Zwergohreule
🌍 – Kuwait Februar 2006

Wendehals
🌍 – Garmisch April 2009

61

Mittelspecht

Größe: Kleiner als Buntspecht 19–22 cm *Merkmale:* Ähnlich Buntspecht, aber kleiner und ohne Schwarz am Oberkopf. Dafür der ganze Oberkopf leuchtend rot, der Unterbauch rosa und die Unterseite blaß bräunlich mit feinen braunen Stricheln. *Stimme:* Das Kixen ist oft gereiht, aber dem des Buntspechts fast immer ähnlich. Der Mittelspecht klopft zwar am Stamm, trommelt aber nie. Dafür singt er ein erbarmungsvolles, quäkendes Lied: „gäh–gäh–gäh". *Verhalten:* Hält sich wie der Buntspecht an Bäumen auf, um Insekten zu suchen. *Lebensraum:* Laubwälder mit Eichen, sowie Gärten und Parks an Waldrändern. *Vorkommen:* Verbreiteter Brutvogel (LB 80 bis 200 Brutpaare) in mäßigen Zahlen, aber häufiger als in den meisten Teilen Deutschlands. *Wanderungen:* Jahresvogel *Nahrung:* Im Sommer Insekten, im Herbst und im Winter Nüsse und Früchte. Besucht vereinzelt Futterplätze. *Brut:* Schlägt Spechthöhlen bevorzugt in Eichen. Das Gelege besteht aus 5 bis 6 weißen Eiern.

Kleinspecht

Größe : Nur sperlingsgroß 14–16 cm *Merkmale:* Dieser kleine schwarz–weiß–rote Specht fällt durch die geringe Größe und das Fehlen der weißen Schulterflecke auf. Nur das Männchen hat Rot am Oberkopf. *Stimme:* Kennzeichnend ist eine Rufreihe „pie–pie–pie–pie". Der Trommelwirbel des Kleinspechtes ist länger und schnarrender als der des Buntspechtes. *Verhalten:* Hält sich mehr als die anderen Spechte auf den äußersten Ästen der Bäume auf. Kann deshalb und wegen der geringen Größe leicht übersehen werden. *Lebensraum:* Laubwald, Gärten und Parks, oft mir jüngeren Bäumen. *Vorkommen:* Wohl der seltenste einheimische Specht mit wenigen Brutpaaren (LB 50 bis 100 Brutpaare). *Wanderungen:* Jahresvogel, aber nordeuropäische Durchzügler im Winterhalbjahr. *Nahrung:* Insekten, im Winter auch Nüsse und Früchte. *Brut:* Schlägt Höhlen in überraschend schwache Stämme. Das Gelege besteht aus 5 bis 6 weißen Eiern.

Grünspecht

Größe: Größer und kräftiger als Buntspecht 30–36 cm *Merkmale:* Oberseits kräftig olivgrün mit blutroter Kopfkappe. Die Unterseite ist gelblich grün. Nur das Männchen hat Rot im schwarzen Bartstreif. Erscheint im Fluge kopflastig. Jungvögel sind auffällig geschuppt. *Stimme:* Typischer Ruf: „kjück–kjück". Der „lachende" Gesang enthält mehrere dieser Rufe. Der Grünspecht trommelt extrem selten. *Verhalten:* Hält sich meistens in den unteren Bereichen der Bäume und sehr oft am Boden auf. *Lebensraum:* Meistens in Gärten, Parks und Streuobstwiesen, seltener im Wald. *Vorkommen:* Der zweithäufigste Specht im Raum (LB 200 bis 400 Brutpaare). *Wanderungen:* Jahresvogel *Nahrung:* Insekten an und in Bäumen, aber auch häufig Ameisen auf Wiesen und Weiden. Im Winter auch Früchte und Nüsse. Besucht manchmal Futterplätze. *Brut:* Schlägt Höhlen in Bäume, oft Obstbäume. Das Gelege besteht aus 4 bis 7 weißen Eiern.

Grauspecht

Größe: Kleiner als Grünspecht 27–32 cm *Merkmale:* Dem Grünspecht ähnlich, aber kleiner und nur beim Männchen mit hellroter Stirn, Kopf sonst grau. Wirkt im Fluge nicht kopflastig, sondern halslos. *Stimme:* Der Ruf ist ein einfaches „tük". Der Gesang besteht aus einer Reihe von 7 bis 9 abfallenden Pfiffen „ü–ü–ü–ü", die am Ende langsamer werden. Trommelt ähnlich wie der Buntspecht, aber lauter und länger. *Verhalten:* Hält sich wie der Grünspecht auf Bäumen, aber auch viel am Boden auf. *Lebensraum:* Mehr Waldbewohner als der Grünspecht, oft in der Nähe von Gewässern, aber auch in Parks, Gärten und Friedhöfen. *Vorkommen:* Nach starkem Rückgang in den letzten Jahrzehnten viel seltener als der Grünspecht (LB 20 bis 40 Brutpaare) *Wanderungen:* Jahresvogel *Nahrung:* Insekten an und in Bäumen, aber auch Ameisen auf Wiesen und Weiden. *Brut:* Schlägt Höhlen in goße morsche Laubbäume. Das Gelege besteht aus 5 bis 8 weißen Eiern.

Mittelspecht
R – Favoritepark Juni 1975

Kleinspecht
R – Hochdorf Juni 2009

Grünspecht
R – Neckarrems Juli 2012

Grauspecht
– Bad Heilbrunn Juni 2003

Vögel auf Wiesen und Äckern

Ackerrandstreifen, Ruderal- und Renaturierungs-
flächen können einer großen Zahl von Vogelarten
Brut-, Rast- und Nahrungsplätze bieten. Aber auf
den Agrarsteppen sind viele Vogelarten selten geworden oder verschwunden.

Rabenkrähe

Größe: 44–51 cm **Merkmale:** Diese weitverbreitete und sehr häufige Krähe ist an dem eher matt schwarzen Gefieder und dem nach unten gebogenen Schnabel zu erkennen. **Stimme:** Recht tiefe krächzende Rufe. **Verhalten:** Verbringt die meiste Zeit damit auf Äckern, Feldern und Wiesen nach Nahrung zu suchen. **Lebensraum:** Wiesen, Äcker und Waldränder **Vorkommen:** Sehr häufiger Brutvogel (LB über 10.000 Brutpaare). **Wanderungen:** Jahresvogel **Nahrung:** Allesfresser: Früchte, Wurzeln, Sämereien, aber auch Aas, Eier und Jungvögel. **Brut:** Baut stattliche Nester in Bäumen, Büschen und Hochspannunsmasten, die gern von Waldohreulen oder Falken übernommen werden. Das Gelege besteht aus 3 bis 6 sehr hellen Eiern.

Kolkrabe

Größe: Wesentlich größer als Rabenkrähe 54–67 cm **Merkmale:** Der Rabenkrähe ähnlich, aber größer. Die Flügel und der keilförmige Schwanz sind wesentlich länger, der Schnabel wuchtiger. **Stimme:** Viel tiefer als Rabenkrähe „krok–krok", ratternde Warnrufe „rak–rak–rak" **Verhalten:** Segelt viel öfter als Krähen. Nahrungssuche meist am Boden. **Lebensraum:** Meistens in der Nähe von Felsen, an Waldrändern und offener Landschaft. **Vorkommen:** Im Norden und Süden Deutschlands verbreiteter Brutvogel in geringer Zahl. Brutvogel auf der Schwäbischen Alb und im unteren Remstal. **Wanderungen:** Weitestgehend Jahresvogel **Nahrung:** Allesfresser: Samen und Früchte, aber häufiger auch Aas **Brut:** Baut gewaltige Horste, vorwiegend unzugänglich an Felsen, vereinzelt auch Baumhorste. Die Gelege mit 3 bis 5 Eiern werden teilweise schon Ende Januar bebrütet.

Nebelkrähe

Größe: Wie Rabenkrähe 44–53 cm **Merkmale:** Der Rabenkrähe äußerst ähnlich, aber Rücken und Bauch hellgrau. Bei Mischlingen von Raben– und Nebelkrähen ist das Grau wesentlich dunkler. **Stimme:** Wie Rabenkrähe **Verhalten:** Wie Rabenkrähe **Lebensraum:** Wie Rabenkrähe **Vorkommen:** Die Nebelkrähe ersetzt in Osteuropa und auch im Osten Deutschlands die Rabenkrähe und ist dort gleichfalls sehr häufig. **Wanderungen:** Die weiter im Norden vorkommenden Nebelkrähen ziehen in geringer Zahl nach Süden und treten dort als Wintergäste auf. In unserem Raum kommen einzelne Nebelkrähen sehr selten in winterlichen Saatkrähen–Schwärmen vor. **Nahrung:** Allesfresser wie die Rabenkrähe. **Brut:** Baut Nester wie die Rabenkrähe. Das Gelege besteht aus 3 bis 6 sehr hellen Eiern.

Saatkrähe

Größe: Etwas kleiner als Rabenkrähe, 41–49 cm **Merkmale:** Geringfügig kleiner, schlanker und langflügeliger als die Rabenkrähe. Auf geringe Entfernung ist der gerade Schnabel mit dem bei Altvögeln weißlichen Schnabelgrund und die steile Stirn kennzeichnend. Das Gefieder zeigt einen deutlichen metallischen Glanz. **Stimme:** Typischer hoher, heiserer Ruf: „krah–krah". **Verhalten:** Ähnlich Rabenkrähe, aber das ganze Jahr über meistens in größeren Schwärmen. **Lebensraum:** Offene Landschaften mit Wiesen und Feldern **Vorkommen:** Als Brutvogel ist die Saatkrähe in Deutschland sehr lückenhaft verbreitet. Seit wenigen Jahren existiert eine Brutkolonie im Stadtbereich von Ludwigsburg. Früher war die Saatkrähe nur als häufiger Wintergast bekannt. **Wanderungen:** Jahresvogel, zusätzlich häufiger Wintergast von Oktober bis März. **Nahrung:** Sämereien und Wurzeln sowie Regenwürmer, Käfer und Insektenlarven. **Brut:** Baut Kolonien aus mehreren Nestern in Bäume oder hohe Büsche. Das Gelege besteht aus 3 bis 6 Eiern.

Rabenkrähe
R – Öffingen April 2009

Kolkrabe
🌍 – USA Juli 1990

Nebelkrähe
🌍 – Griechenland Mai 2001

Saatkrähe
R – Aldingen November 2009

Dohle

Größe: Viel kleiner als Krähen 33 cm *Merkmale:* Ähnelt grob einer Krähe, ist aber viel kleiner und kurzschnäbliger. Die Kopfseiten und die Brust sind grau. Aus kurzer Entfernung fällt das blaßblaue Auge auf. *Stimme:* Kennzeichnend „giagg", oft „im Chor" vorgetragen. *Verhalten:* Sehr gesellig, im Winter oft in Krähenschwärmen. Sucht am Boden nach Nahrung. *Lebensraum:* Felder, Äcker, Wiesen und Parks. *Vorkommen:* Lückenhaft verbreiteter Brutvogel (LB 50 bis 100 Brutpaare), kleine Kolonien in Neckarrems und Marbach, aber auch Einzelpaare. *Wanderungen:* Die einheimischen Dohlen sind Jahresvögel. Die Dohlen aus dem Norden und Nordosten Europas sind Zugvögel, die meistens mit Saatkrähenschwärmen in unseren Raum kommen. *Nahrung:* Sämereien, Früchte, Wurzeln, Käfer, Schnecken und Würmer. *Brut:* Baut Nester in Felshöhlen oder Höhlungen von Gebäuden, oft Kolonien. Das Gelege besteht aus 3 bis 6 hellgrauen, schwärzlich gefleckten Eiern.

Wiesenpieper

Größe: Kleiner als Buchfink 14–16 cm *Merkmale:* Typischer Pieper, schlank, langschwanzig und hochbeinig. Oberseits olivbraun mit dunklen Streifen, unterseits weiß bis gelblich mit schwarzen Stricheln, Beine rötlich bis gelblich. *Stimme:* Kennzeichnend sind Rufe wie „siep", meistens gereiht „siep–sip–sip", an denen Durchzügler am sichersten erkannt werden können. *Verhalten:* Sucht auf dem Zug auf Wiesen, Weiden und Feldern nach Nahrung. *Lebensraum:* Eine der häufigsten Vogelarten auf den Tundren Skandinaviens. In Deutschland Brutvogel an den Küsten und selten auf Mooren in Süddeutschland. *Vorkommen:* In unserem Raum regelmäßiger, teilweise häufiger Durchzügler in offenen Landschaften, von September bis November oft dutzende und mehr, im März–April etwas seltener. *Wanderungen:* Aus dem Norden Eurasiens ziehen insgesamt Millionen Wiesenpieper in den Mittelmeerraum. *Nahrung:* Vorwiegend Insekten und Sämereien.

Elster

Größe: Deutlich größer als Dohle 40–50 cm, davon aber über 20 cm Schwanz *Merkmale:* Das schwarzweiße Gefieder mit den metallisch blau glänzenden Flügeln ist unverkennbar. *Stimme:* Laute tschackernde Rufe. *Verhalten:* Elstern suchen ihr Revier nach tierischen und pflanzlichen Resten ab. Aus Nestern holen sie auch Eier und Jungvögel. An dem Rückgang von Vogelarten sind sie aber nicht wesentlich beteiligt. Ihre „Raubzüge" sind nur offensichtlicher als die bedeutsamere, nächtliche Jagd unserer Hauskatzen. *Lebensraum:* Gärten, Äcker, Streuobstwiesen und Heckenlandschaften. *Vorkommen:* Weit verbreiteter Brutvogel in unterschiedlichsten Lebensräumen (1000 bis 10000 Brutpaare LB). *Wanderungen:* Jahresvogel *Nahrung:* Allesfresser: Getreide, Gemüse, Obst, Pflanzenreste, Insekten, Eier und Jungtiere. *Brut:* Baut kunstvolle, stabile Nester, die später gern von Turmfalken und Waldohreulen benutzt werden. Das Gelege besteht aus 4 bis 6 weißlichen Eiern.

Baumpieper

Größe: Wie Wiesenpieper 14–16 cm *Merkmale:* Sehr ähnlich Wiesenpieper, Brust auffälliger gelb, Bauch leuchtender weiß, heller Überaugenstreif deutlicher. *Stimme:* Kennzeichnender Ruf „psieb", meistens einzeln. Der Gesang wird oft im Balzflug vorgetragen. Der Vogel fliegt zu einer langen Reihe von „tsib–tsib–tsib"-Rufen nach oben und läßt beim Abwärtsgleiten („Fallschirm") ein langsames „toi–toi–toi" hören. *Verhalten:* Sucht auf dem Zug auf Wiesen und Weiden nach Nahrung, oft auf offenen Flächen in Streuobstgebieten. *Lebensraum:* Waldränder, sehr offener Wald und Streuobstgebiete. *Vorkommen:* In unserem Raum einst häufig, aber in den letzten 40 Jahren als Brutvogel fast völlig verschwunden. Durchzügler in geringer Zahl im April und August–September. *Wanderungen:* Baumpieper verlassen Mitteleuropa im September und ziehen nach Afrika. Sie kehren ab Ende März zurück. *Nahrung:* Vorwiegend Insekten und Sämereien. *Brut:* Die Nester am Boden enthalten 3 bis 6 bräunliche Eier.

Dohle
R – Neckarrems Mai 2010

Elster
R – Ludwigsburg Februar 2011

Wiesenpieper
R – Aldingen Dezember 2006

Baumpieper
– Djerba April 1982

69

Rotkehlpieper

Größe: Wie Wiesenpieper 14–15 cm *Merkmale:* Ähnelt einem dunklen Wiesenpieper mit weißlicher, kräftig schwarzbraun gefleckter Unterseite. Auch die braune Oberseite ist kräftig dunkel gestreift. Die karminrote Färbung von Kehle und Gesicht ist nur im Frühjahr zu sehen. Die im Herbst erscheinenden Jungvögel sind dort weißlich gefärbt. *Stimme:* Der Ruf ziehender Rotkehlpieper ist das beste Merkmal: ein „platzendes", gedehntes „psieh". *Verhalten:* Sucht wie die anderen Pieper am Boden nach Nahrung *Lebensraum:* Brütet in der feuchten Tundra im äußersten Norden Europas und Russlands. Auf dem Zug auf Wiesen– und Ackerflächen. *Vorkommen:* In unserem Raum sicherlich alljährlicher Durchzügler in geringer Zahl, der aber leicht übersehen und überhört werden kann. *Wanderungen:* Zieht bis ins tropische Afrika. Durchzügler in Mitteleuropa im April–Mai und Sept.–Okt. *Nahrung:* Insekten, Wirbellose und Sämereien. *Brut:* Baut Nester am Boden. Das Gelege besteht aus 3 bis 6 Eiern.

Brachpieper

Größe: Größer als Wiesenpieper 16–18 cm *Merkmale:* Viel heller und mehr sandbraun als die meisten anderen Pieper. Überaugenstreif und Bauch weißlich, bei Jungvögeln gestrichelte Brust. *Stimme:* Auch beim Brachpieper ist die Stimme ein sehr gutes Merkmal. Typischer Flugruf: „tschliup". *Verhalten:* Hält sich wie die anderen Pieper vorwiegend am Boden auf, bevorzugt dabei aber eher trockene, unbebaute Ackerflächen, Ruderalgelände. *Lebensraum:* Bevorzugt karge Flächen mit schütterer Vegetation, auch in höheren Lagen sowie Dünen. *Vorkommen:* Sehr seltener Brutvogel in Deutschland, in Baden–Württemberg seit mehreren Jahren verschwunden. Seltener, aber vermutlich alljährlicher Durchzügler im April und im August–September. *Wanderungen:* Verläßt Mitteleuropa im September, zieht bis Nordafrika und kehrt im April zurück. *Nahrung:* Insekten und andere Wirbellose. *Brut:* Baut Nester am Boden, legt 3 bis 5 Eier.

Bergpieper

Größe: Größer als Wiesenpieper 15–17 cm *Merkmale:* Dem Wiesenpieper ählich, aber erkennbar größer und mit dunklen Beinen. Die Oberseite ist ziemlich einfarbig braun und undeutlich gestreift, die Unterseite ist im Winter hell, kräftig dunkel gestreift. Durchzügler gegen Ende April können im Brutkleid sein, die Unterseite ist dann blaß rosa und ungestreift. *Stimme:* Mit Übung läßt sich der Bergpieper an dem kräftigen „whisst" erkennen, das selten gereiht wird. *Verhalten:* Sucht auf Wiesen, Weiden und Feldern nach Nahrung, oft in der Nähe von Wasserläufen. *Lebensraum:* Brütet in Deutschland in Hochlagen der Alpen und des Schwarzwaldes bis über 2000 m Höhe. *Vorkommen:* In unserem Raum als Durchzügler im April und in den Wintermonaten recht selten geworden. *Wanderungen:* Die Brutvögel Süddeutschlands verlassen die Hochlagen im Winter und ziehen teilweise bis nach Norddeutschland. *Nahrung:* Vorwiegend Insekten und andere Wirbellose, im Winter auch Sämereien. *Brut:* Legt 3 bis 6 Eier in das Nest am Boden.

Spornpieper

Größe: Größer als Brachpieper 17–20 cm *Merkmale:* Dem Brachpieper grob ähnlich, aber erkennbar größer, hochbeiniger und auf dem Rücken kräftiger gestreift, mit dunkler Zeichnung an den Halsseiten. Die besonders lange Hinterkralle ist selten zu sehen. *Stimme:* Kennzeichnend ist ein gedehnter Ruf „r–r–r–r–i–p" *Verhalten:* Hält sich fast immer am Boden auf, sehr gern auch in hohem Gras versteckt. *Lebensraum:* Steppen Zentralasiens und bis zum Pazifik. *Vorkommen:* Seltener, aber doch regelmäßiger Gast an der nordeutschen Küste, sehr selten im Binnenland. Zwei Nachweise von der Vördere/Kornwestheim. *Wanderungen:* In jahrweise wechselnder Zahl ziehen Spornpieper im Herbst von Asien nach Mitteleuropa, vor allem in die Küstenbereiche. *Nahrung:* Insekten und andere Wirbellose, Sämereien.

Rotkehlpieper
🌍 – Norwegen Juli 1988

Bergpieper
🌍 – Kuwait November 2010

Brachpieper
🌍 – Marokko April 1986

Spornpieper
🌍 – Helgoland Oktober 2011

71

Vögel auf Äckern und Wiesen

Feldlerche

Größe: Knapp starengroß 16–18 cm *Merkmale:* Oberseits braune Lerche mit dunklen und weißlichen Stricheln, Brust dunkel gestreift, Bauch weiß. Die Feldlerche hat ein kurzes Häubchen, das bei Erregung aufgerichtet werden kann. *Stimme:* Ruft beim Abfliegen "dschirrb" oder "prrit". Der vorwiegend Im Flug vorgetragene Gesang ist "jubilierend" und enthält viele trillernde und flötende Elemente. *Verhalten:* Fast immer auf dem Boden von Äckern und Wiesen. *Lebensraum:* Offenes Kulturland, Felder, Äcker und Wiesen, meist ohne Bäume. *Vorkommen:* Weit verbreiteter Brutvogel (LB über 10.000 Brutpaare), Rückgänge durch Anbau von Wintergetreide. Im März und September Schwärme nordischer Durchzügler. *Wanderungen:* Kurzstreckenzieher, der im Oktober–November abzieht und im Februar meistens zurückkehrt, im Winter vereinzelt. *Nahrung:* Sämereien und Insekten. *Brut:* Baut Bodennester in Getreidefelder. Das Gelege besteht aus 3 bis 5 bräunlichen Eiern.

Haubenlerche

Größe: Größer als Feldlerche 17–19 cm *Merkmale:* Der Feldlerche recht ähnlich, aber etwas größer mit längerer Haube und längerem, leicht abwärts gerichtetem Schnabel. *Stimme:* Typischer Ruf: meist dreisilbig "du–wi–rie" oder auch "drieh". Der Gesang, der oft im Fluge vorgetragen wird, ist langsamer und tiefer als der der Feldlerche. *Verhalten:* Läuft oft am Boden in der Nähe menschlicher Siedlungen, aber auch auf Äckern. *Lebensraum:* In unserem Raum früher gelegentlich in Neubaugebieten mit neu angelegten Gartenanlagen, sonst auf Äckern. *Vorkommen:* Seit Jahrzehnten in unserem Raum verschwunden. Verläßt Neubaugebiete, z.B. Kornwestheim 1979, wenn die Gärten dicht bewachsen sind. *Wanderungen:* Vorwiegend Jahresvogel *Nahrung:* Sämereien und Insekten. *Brut:* Baut Nester am Boden zwischen niedrigen Büschen und Kräutern. Das Gelege besteht aus 4 bis 6 braun gefleckten Eiern.

Heidelerche

Größe: Buchfinkengroß 14–15 cm *Merkmale:* Der Feldlerche grob ähnlich, aber kleiner, ohne Haube und viel kurzschwänziger. Beim sitzenden Vogel ist manchmal ein typisches schwarzweißes Flügelfeld zu erkennen. *Stimme:* Ruft häufig "tiluh", auch auf dem Zug. Der melancholische Gesang, der oft von Bäumen aus vorgtragen wird, besteht aus einer Reihe abwärts gerichteter weicher Flötenrufe: "hüllu–hüllu–lu–lu–lu–lu–lu. *Verhalten:* Der englische Name Woodlark weist darauf hin, daß die Heidelerche vorwiegend in offenem Wald und auf baumbestandenen Heiden lebt. *Lebensraum:* Heidelandschaft, oft Schafsweiden. *Vorkommen:* Nach jahrzehntelangen Rückgängen heute sehr seltener Brutvogel (LB 0 bis 4 Brutpaare). Durchzügler im März–April und im August–September. *Wanderungen:* Kurzstreckenzieher, ausnahmsweise im Winter. *Nahrung:* Sämereien und Insekten. *Brut:* Baut Bodennester in hohem Gras. Das Gelege besteht aus 4 bis 6 bräunlichen Eiern.

Ohrenlerche

Größe: Etwa wie Feldlerche 16–19 cm *Merkmale:* Flug und Figur der Feldlerche ähnlich. Gesicht aber mit auffälligen schwarzen und leuchtend gelben Abzeichen, Unterbauch weiß. Die Federöhrchen sind nur selten gut zu erkennen. *Stimme:* Ähnlich Gebirgsstelze hoch und scharf "ssie–ssie". *Verhalten:* Hält sich bevorzugt am Boden auf, auf Sandböden, aber auch Viehweiden. *Lebensraum:* Brutvogel in Mooren und Tundren. Im Winter oft an der Küste auf Wiesen, Weiden und Strandflächen. *Vorkommen:* In Deutschland im Küstenbereich regelmäßiger Wintergast. In Süddeutschland sehr selten (LB 4 Nachweise). *Wanderungen:* Die Brutvögel der skandinavischen Tundra wandern im Herbst an die Küsten von Nord– und Ostsee, selten einmal weiter in den Süden. *Nahrung:* Sämereien und Insekten. *Brut:* Baut Bodennester. Das Gelege besteht aus 4 bis 6 Eiern.

Feldlerche
R – Aldingen Mai 2009

Haubenlerche
R – Ruit Mai 1974

Heidelerche
– Kuwait Dezember 2008

Ohrenlerche
– Marokko April 2006

Wiesen-Schafstelze

Größe: Etwa so groß wie Wiesenpieper 15–16 cm **Merkmale:** Ein schlanker, an Pieper erinnernder Vogel, teilweise mit auffallend gelber Unterseite. Das Männchen hat einen blaugrauen Kopf mit hellem Überaugenstreif sowie oilvgrünem Rücken mit zwei hellen Flügelbinden. Das Weibchen ist wesentlich blasser gefärbt, die Jungvögel vorwiegend graubraun mit weißlicher Unterseite. **Stimme:** Kennzeichnender Ruf: scharf „siep" oder „siup" **Verhalten:** Hält sich zur Nahrungssuche vorwiegend am Boden auf, setzt sich aber auch auf Büsche oder niedrige Bäume. **Lebensraum:** Vorwiegend auf Wiesen und Weiden, auch Feldern **Vorkommen:** Lokaler, seltener Brutvogel (LB ca. 150 Brutpaare), aber regelmäßiger Durchzügler im März–April und im September **Wanderungen:** Die mitteleuropäischen Schafstelzen ziehen im September ins tropische Afrika und kehren ab Mitte März zurück. **Nahrung:** Insekten und deren Larven **Brut:** Baut Nester am Boden. Das Gelege besteht aus 3 bis 5 Eiern.

Bachstelze

Größe: Etwas größer und langschwanziger als Schafstelze 17–19 cm **Merkmale:** Ähnlich der Schafstelze, aber immer ohne Gelbfärbung. Die schwarz–weiß–grauen Altvögel sind unverkennbar. Jungvögel sind heller mit weißer Kehle und sehen etwas verwaschen aus. **Stimme:** Typisch weich „dschit" oder „dschidid" **Verhalten:** Ähnlich Schafstelze. **Lebensraum:** Sehr variabel auf Wiesen, Äckern, in Gärten und an Wasserläufen. **Vorkommen:** Weit verbreiteter, häufiger Brutvogel (300 bis 1000 Brutpaare LB). **Wanderungen:** Verläßt das Brutrevier oft erst im November und kehrt schon im Februar wieder zurück. Zunehmend auch Überwinterer. **Nahrung:** Vorwiegend Insekten und andere Wirbellose **Brut:** Baut Nester in Nistkästen (Halbhöhlen) und andere Hohlräume, auch an Gebäuden. Das Gelege besteht aus 5 bis 7 weißlichen, dunkel gepunkteten Eiern.

Ringdrossel

Größe: So groß wie Amsel 24–27 cm **Merkmale:** Der Amsel sehr ähnlich, aber mit breitem weißem Ring auf der Brust und weißer Schuppung (Alpenform) auf dem Bauch oder auch dort schwarz (Skandinavien). Die Flügel erscheinen durch helle Federränder grau. Weibchen sind weniger kontrastreich gefärbt. **Stimme:** Amselähnliche Rufe, aber dunkler und oft „hölzern" klingend. Der Gesang erinnert an den der Singdrossel, ist aber eintöniger und kingt etwas melancholisch. **Verhalten:** Sucht Nahrung auf dem Boden. **Lebensraum:** Nadelwälder von Hochlagen in den Alpen und im Schwarzwald. **Vorkommen:** In unserem Raum seltener und unregelmäßiger Durchzügler von Ende März bis Anfang Mai, einmal im November. **Wanderungen:** Zugvögel ziehen bis in den Mittelmeerraum. **Nahrung:** Regenwürmer und Insekten. **Brut:** Nester in Nadelbäumen. Das Gelege besteht aus 3 bis 6 Eiern.

Raubwürger

Größe: Amselgroß 22–26 cm **Merkmale:** Größer als die anderen Würger (S. 58) mit leuchtend weißer Unterseite und schwarzer Maske. **Stimme:** Selten trillernde und quäkende Rufe. **Verhalten:** Sitzt bevorzugt auf Baumspitzen, hohen Büschen und Masten. Macht von dort aus Jagd auf Beutetiere. **Lebensraum:** Brütet in Mooren, auf Heideflächen oder sehr offenen Feldfluren mit wenigen Bäumen. Im Winter Riede und andere offene Flächen in Flußauen. **Vorkommen:** In unserem Raum als Brutvogel verschwunden und als Gast in den Wintermonaten selten und nicht mehr regelmäßig. Früher Wintergast von September bis April. **Wanderungen:** Unsere Wintergäste kommen vermutlich aus nordöstlich gelegenen Brutgebieten. Aufgrund seiner Nahrung ist dies der einzige Würger, der den Winter bei uns überstehen kann. **Nahrung:** Mäuse, Spitzmäuse, Vögel und Großinsekten. **Brut:** Nester werden in Bäumen in beträchtlicher Höhe gebaut. Das Gelege enthält 4–7 Eier.

Wiesenschafstelze
R – Aldingen April 2011

Bachstelze
R – Neckargröningen Juni 2011

Ringdrossel
R – Heilbronn März 2010

Raubwürger
– Österreich Mai 2010

Steinschmätzer

Größe: Gut meisengroß, 14-17 cm *Merkmale:* Steinschmätzer sind kleine, mit den Drosseln verwandte Singvögel, die sehr leicht an der kennzeichnenden Färbung des Schwanzes zu erkennen sind. Der vorwiegend weiße Schwanz weist eine schwarze Endbinde mit "Mittelstrich" auf, dadurch entsteht ein umgekehrtes grosses T. Das Männchen unseres Steinschmätzer ist an der grauen Oberseite mit schwarzen Flügeln sowie der schwarzen Maske mit hellem Überaugenstreif erkennbar. Weibchen und Jungvögel sind bräunlicher. *Stimme:* Der schmatzende, rau knirschende Gesang hat dem Vogel zusammen mit der Vorliebe sich auf höhere Steine zu setzen seinen Namen eingebracht. Der Gesang enthält aber auch zwitschernde und explosive Elemente. *Verhalten:* Sucht am Boden nach Nahrung. Setzt sich dabei auf erhöhte Steine, Pfosten und Leitungen. Wenn er bei der Landung seinen Schwanz spreizt, blitzt die weiße Schwanzfärbung auf.

Lebensraum: Brütet auf kargen, steinigen Flächen vom Hochbgebirge bis über 2000 m Höhe bis in die Tieflagen. Auf dem Zug regelmäßig auf Äckern und Feldern. *Vorkommen:* Bis etwa 1990 Brutvogel auf der Vördere. Eine Rückkehr wäre gut möglich, wenn ein passender Lebensraum für den Steinschmätzer wieder hergestellt werden könnte. Seither aber immer noch alljährlicher Durchzügler im April-Mai und September-Oktober bis zu über 10 Exemplare. *Wanderungen:* Die Steinschmätzer, die auch in Grönland und Skandinavien brüten, sind alle Langstreckenzieher, die bis ins tropische Afrika ziehen. *Nahrung:* Insekten, Spinnen und andere Wirbellose *Brut:* Baut Nester in Höhlungen am Boden. Das Gelege besteht aus 4 bis 6 Eiern.

Braunkehlchen

Größe: Kleiner als Steinschmätzer 12–14 cm *Merkmale:* Dem Steinschmätzer entfernt ähnlich, aber wesentlich kleiner, vorwiegend hellbraun mit nur wenig Weiß an den Seiten der Schwanzbasis. Männchen haben einen dunkelbraunen Kopf mit weißlichem Überaugenstreif und orangebrauner Kehle. Weibchen und Jungvögel sind heller gefärbt. *Stimme:* Schmatzende Rufe. Der kurze, „hastige" Gesang ist melodisch und fällt am Ende ab. *Verhalten:* Setzt sich gern auf halbhohe Stauden, Pfosten und Leitungen. Sucht von dort aus Nahrung am Boden. *Lebensraum:* Brütet vorzugsweise auf feuchten Wiesen. Auf dem Zug auf Äckern und Feldern. *Vorkommen:* Als Brutvogel in unserem Raum (Pleidelsheim) wohl verschwunden. Regelmäßiger Durchzügler im April und August–September. *Wanderungen:* Zugvogel, der bis ins tropische Afrika fliegt. *Nahrung:* Insekten, Spinnen, manchmal Beeren *Brut:* Baut Nester am Boden. Das Gelege besteht aus 5–7 Eiern.

Schwarzkehlchen

Größe: Etwa wie Braunkehlchen 12–13 cm *Merkmale:* Männchen mit schwarzem Kopf und weißen Halsseiten. Weibchen und Jungvögel sind dem Braunkehlchen recht ähnlich, aber ohne deutlichen Überaugenstreif, kaum weiß am Schwanz, aber weißlichen Streifen im Flügel. *Stimme:* Schmatzende Rufe. Der Gesang ist kürzer und rauer als der des Braunkehlchens. *Verhalten:* Ähnlich Braunkehlchen. *Lebensraum:* Bevorzugt im Vergleich zum Braunkehlchen trockenere Wiesen oder auch Weinberge. Auch auf dem Zug mehr auf Wiesen und in Gärten. *Vorkommen:* Sehr seltener Brutvogel (z.B. Vördere 2001) und unregelmäßiger Durchzügler in sehr geringer Zahl im März–April und Oktober. *Wanderungen:* Verläßt Mitteleuropa erst im Oktober und kehrt schon im März wieder zurück. Zieht in den Mittelmeerraum. *Nahrung:* Insekten und Spinnen. *Brut:* Baut Nester am Boden. Das Gelege besteht aus 4 bis 6 Eiern.

Steinschmätzer (♂)
🌍 – Türkei Mai 2008

Steinschmätzer (♀)
🌍 – Helgoland Oktober 2011

Braunkehlchen
R – Aldingen September 2011

Schwarzkehlchen
🌍 – Neusiedler See Mai 1983

Goldammer

Größe: Gut finkengroß, 15–17 cm *Merkmale:* Ammern sind an Finken erinnernde Singvögel, die bevorzugt am Boden leben. In Mitteleuropa ist die Goldammer mit Abstand die häufigste Ammer. Kopf und Unterseite sind beim Männchen leuchtend gelb mit dunkleren Stricheln. Der Rücken ist bräunlich, der Bürzel zimtfarben. Weibchen und Jungvögel sind dunkler und bräunlicher. *Stimme:* Ruft variabel „dschik" oder „ziss". Den Gesang beschreibt der Volksmund gut mit „wie, wie, wie hab ich dich lieeeb". *Verhalten:* Sitzt gern auf Büschen und niedrigen Bäumen. Nahrungssuche oft am Boden. *Lebensraum:* Gärten, Parks, Waldränder *Vorkommen:* Weit verbreiteter, häufiger Brutvogel (LB 3.000 bis 10.000 Brutpaare) *Wanderungen:* Jahresvogel, teilweise Winterflüchter *Nahrung:* Im Sommer Insekten und Spinnen, im Winter Sämereien. *Brut:* Baut Nester am Boden. Das Gelege besteht aus 3 bis 5 Eiern.

Fichtenammer

Größe: Wie Goldammer 16–17 cm *Merkmale:* Ähnelt der Goldammer, mit der sie sehr nahe verwandt ist, aber ohne jede Gelbfärbung. Zur Brutzeit vorwiegend rötlichbraun statt gelb. Männchen mit rotbraunem Kopf und weißen Streifen auf Kopf und Wange. Weibchen und Jungvögel sind vorwiegend graubraun mit weißlichem „Ohrfleck". Da es Hybride gibt, ist die Bestimmung immer recht schwierig. *Stimme:* Wie Goldammer *Verhalten:* Wie Goldammer *Lebensraum:* Bewohnt im asiatischen Brutgebiet Gärten und offene Wälder. *Vorkommen:* Extrem seltener Gast in Deutschland. Nur ein Nachweis in Baden–Württemberg (Ludwigsburg Februar/ März 1996). Diese Fichtenammer hielt sich 3 Wochen in einem Goldammern–Schwarm auf und konnte von vielen Beobachtern bestaunt werden. *Wanderungen:* Die sibirischen Brutvögel ziehen nach Süden und werden dabei gelegentlich nach Europa verdriftet. *Nahrung:* Wie Goldammer *Brut:* Wie Goldammer.

Zaunammer

Größe: Wie Goldammer 15–17 cm *Merkmale:* Der Goldammer ähnlich, aber mit dunkel und gelb gestreiftem Kopf, Unterbauch gelblich, Bürzel olivbraun.Männchen mit grünem Brustband. *Stimme:* Rufe „tsik" und „tsiüh". Der Gesang klingt etwas ratternd und erinnert an die Klappergrasmücke. *Verhalten:* Ähnlich Goldammer *Lebensraum:* Die im Mittelmeergebiet häufige Zaunammer bevorzugt in Deutschland Weinberge und offene Gärten in klimatisch begünstigten Weinbaugebieten des Rheintals bis Rüdesheim/Bingen. *Vorkommen:* In unserem Raum sehr seltener Gast mit weniger als 10 Nachweisen. *Wanderungen:* Jahresvogel, teilweise Winterflüchter. *Nahrung:* Vorwiegend Sämereien, zur Brutzeit viel Insekten und Spinnen. *Brut:* Baut Nester am Boden. Das Gelege besteht aus 3 bis 5 Eiern.

Ortolan

Größe: Etwas kleiner als Goldammer 15–16 cm *Merkmale:* Der Goldammer grob ähnlich, aber Männchen an Kopf und Brust olivgrau. Bartstreif, Kehle und Augenring weißlich–gelb. Der braune Rücken ist kräftig dunkel gestreift. Jungvögel und Weibchen sind blasser gefärbt. *Stimme:* Ruft kennzeichnend „tsök", „tsi–up" oder„tjuh". Der Gesang erinnert an den der Goldammer, ist aber am Ende abwärts gerichtet: „tiju–tiju–tiju–tjööh". *Verhalten:* Ähnlich Goldammer. *Lebensraum:* Sehr offene Gärten mit ausgedehnten Wiesenflächen auch in höheren Lagen. In Deutschland sehr seltener Brutvogel, in Baden–Württemberg als Brutvogel wohl verschwunden. *Vorkommen:* In unserem Raum regelmäßiger Durchzügler, seit vielen Jahren aber immer seltener, bevorzugt Anfang Mai und Mitte September. *Wanderungen:* Aus dem Norden Europas ziehen Ortolane quer durch Deutschland in den Mittelmeerraum. *Nahrung:* Vorwiegend Insekten und Sämereien. *Brut:* Baut Nester am Boden. Das Gelege besteht aus 3 bis 5 Eiern.

Goldammer
R – Freiberg Mai 2011

Fichtenammer
R – Ludwigsburg März 1996

Zaunammer
– Singen April 2012

Ortolan
– Äthiopien Oktober 2007

Zippammer

Größe: Etwas kleiner als Goldammer 15–16 cm **Merkmale:** Männchen im Brutkleid mit hell blaugrauem, schwarz gestreiften Kopf und orangebrauner Unterseite. Weibchen und Jungvögel sind bräunlicher gefärbt. **Stimme:** Hohe „tsi"– Rufe, die an Meisen erinnern. Der Gesang besteht aus ähnlichen Elementen. **Verhalten:** Sitzt gern erhöht auf Felsen oder Pflöcken und Drähten. Nahrungssuche am Boden. **Lebensraum:** Bewohnt felsige Hochlagen, aber auch felsige Weingärten in sonnenexponierten Lagen. **Vorkommen:** In Deutschland weitestgehend auf das Rheintal bis Bingen/Rüdesheim beschränkt. In unserem Raum sehr seltener Ausnahmegast (Stuttgart 2011). **Wanderungen:** Jahresvogel **Nahrung:** Insekten, Spinnen, auch Sämereien. **Brut:** Baut Nester am Boden oder in Felsspalten. Das Gelege besteht aus 3 bis 5 Eiern.

Grauammer

Größe: Größer als Goldammer 16–19 cm **Merkmale:** Die Grauammer ist die größte und schlichteste einheimische Ammer. Sie ähnelt oberflächlich einem weiblichen Sperling. Der graue Vogel ist aber oberseits fein schwärzlich und hell gestrichelt. Die hellgraue Unterseite ist fein dunkel gestrichelt. Die Grauammer hat als einzige Ammer einen einfarbig grauen Schwanz, keine weißen Schwanzkanten. **Stimme:** Ruft „tsritt" und im Fluge „pt–pt–pt". Der Gesang ist ein auffälliges „tsik–tsik–tsik–tsik–schnrrps". **Verhalten:** Sitzt oft gut sichtbar auf Drähten, Pfosten oder Baumspitzen. Nahrungssuche am Boden. **Lebensraum:** Gärten, Felder, Äcker und Ruderalflächen **Vorkommen:** Früher Brutvogel mit bis zu 20 Paaren in LB. Seit etwa 12 Jahren als Brutvogel verschwunden und nur noch sehr seltener Gast. **Wanderungen:** Jahresvogel **Nahrung:** Sämereien, zur Brutzeit Insekten **Brut:** Baut Nester am Boden. Das Gelege besteht aus 3 bis 5 Eiern.

Spornammer

Größe: Kleiner als Goldammer 14–16 cm **Merkmale:** Unscheinbar bräunliche Ammer mit weißlichen Streifen auf Rücken und Flügel, Nacken und Kopfseiten oft deutlich rostbraun. Altvögel mit schwärzlichgrauem „Latz" auf der Brust. **Stimme:** Kennzeichnend sind Rufe wie „prrt" und „piuh". **Verhalten:** Meistens auf dem Boden, vorwiegend auf Äckern und Ruderalgelände. Kann für einen Singvogel sehr schnell rennen. **Lebensraum:** Bewohnt in Skandinavien und Sibirien Heideflächen mit wenigen Büschen und sonst sehr niedriger Vegetation. Im Winterquartier auf Salzwiesen und Sandstränden. **Vorkommen:** In Deutschland alljährlicher Wintergast an der Küste von Nord– und Ostsee. In unserem Raum sehr seltener Ausnahmegast in den Wintermonaten. **Wanderungen:** Aus Skandinavien und Sibirien Durchzügler und Wintergast zwischen September und April. **Nahrung:** Sämereien und Insekten.

Schneeammer

Größe: Etwas größer als Goldammer 16–18 cm **Merkmale:** Alte Männchen sind durch den vorwiegend weißen Flügel besonders leicht erkennbar, die Weibchen haben ein kleineres weißes Flügelfeld. Die am ehesten bei uns auftauchenden Jungvögel haben dagegen nur einen eher unauffälligen weißen Flügelstreifen und sind mehr oder weniger einheitlich grau gefärbt. Der weiße Bürzel und die weißen Flügelbinden sind da die besten Merkmale. **Stimme:** Trillernde „pürrr" und „piüh" sind recht kennzeichnend. **Verhalten:** Vorwiegend am Boden auf kargen, sehr offenen Feldern und Ruderalflächen. **Lebensraum:** Bewohnt in Skandinavien und Sibirien die hoch gelegenen Moore der Tundra mit sehr niedriger Vegetation. Im Winter an sandigen Küstenstreifen und auf Salzwiesen. **Vorkommen:** Regelmäßiger Durchzügler und Wintergast an der Küste von Nord– und Ostsee. In unserem Raum sehr seltener Ausnahmegast. **Wanderungen:** Aus Skandinavien und Sibirien Durchzügler und Wintergast zwischen Oktober und März. **Nahrung:** Sämereien und Insekten.

Zippammer
🌍 – Assmannshausen Mai 1995

Grauammer
R – Neckargröningen April 1996

Spornammer
🌍 – Helgoland Oktober 2010

Schneeammer
🌍 – Helgoland Oktober 2011

81

Bluthänfling

Größe: Etwa wie Kohlmeise 12–14 cm **Merkmale:** Der Name dieses kleineren Finkenvogels ist auf die blutrote Farbe von Brust und Stirn des Männchens zurückzuführen. Der Kopf ist ansonsten grau, die Flügel braun mit einem kurzen weißen Flügelstreif. Weibchen und Jungvögel sind unauffliger bräunlich gefärbt. *Stimme:* Flugruf zweisilbig „tütik". Der Gesang besteht aus zwitschernden und pfeifenden Elementen. *Verhalten:* Vor allem im Winter, aber teilweise auch im Sommer gesellig. Hält sich gern in offenem Gelände mit Büschen auf. *Lebensraum:* Gärten mit Wildkräutern und Büschen, gern in Baumschulen oder offenen Friedhöfen. *Vorkommen:* Verbreiteter, nicht sehr häufiger Brutvogel (LB 300 bis 1000 Brutpaare) *Wanderungen:* Jahresvogel, Winterflüchter *Nahrung:* Sämereien von Gräsern und Wildkräutern, teilweise kleine Wirbellose *Brut:* Baut Nester in Büsche und niedrige Bäume. Das Gelege besteht aus 4 bis 6 Eiern.

Birkenzeisig

Größe: Etwas kleiner als Bluthänfling 12–14 cm **Merkmale:** Männchen im Brutkleid erinnern mit der roten Stirn und der roten Brust an Bluthänfling, sind aber kleiner und zierlicher. Der Rücken ist hellbraun mit schwarzen Streifen. Kennzeichnend ist eine deutliche weiße Flügelbinde und ein heller Überaugenstreif. *Stimme:* Kennzeichnend sind Rufreihen, die sich wie „tschät–tschät–tschät" anhören. Der Gesang enthält zusätzlich einen raspelnden Triller „grrrrrrr". *Verhalten:* Bevorzugt in offenem Gelände mit Büschen und niedrigen Bäumen, oft auch am Boden. *Lebensraum:* Brütet in den Alpen und Mittelgebirgen in offenen Wäldern. Im Winter oft auf Friedhöfen. *Vorkommen:* In Deutschland seltener Brutvogel in den Alpen. In unserem Raum unregelmäßiger Durchzügler und Wintergast in geringer Zahl. *Wanderungen:* Die skadinavischen Brutvögel ziehen im August nach Mitteleuropa und kehren im Mai wieder zurück. *Nahrung:* Samen und Pollen, auch Insekten *Brut:* Baut napfförmige Nester in Bäume. Das Gelege besteht aus 4 bis 6 Eiern.

Berghänfling

Größe: Wie Bluthänfling 12–14 cm **Merkmale:** Den weiblichen Bluthänflingen sehr ähnlich, aber mit dunkel gestreiftem Rücken, zimtfarbener Kehle und gelbem Schnabel mit schwarzer Spitze. Der rosafarbene Bürzel der Männchen ist selten erkennbar. *Stimme:* Rufreihen wie „gi-gigig" und ein typisches Quäken „düietsch", das etwas an Bergfinken erinnert. *Verhalten:* Noch mehr als der Bluthänfling in offenem Gelände mit Gräsern und Stauden. *Lebensraum:* Bewohnt in den Fjälls Skandinaviens Moore, Heiden und Tundra mit niedriger Vegetation. Im Winterquartier auf Salzwiesen und kargen Ruderalflächen. *Vorkommen:* In Deutschland regelmäßiger Durchzügler und Wintergast an den Küsten von Nord– und Ostsee, in unserem Raum nur wenige Nachweise. *Wanderungen:* Verläßt im August–September das skandinavische Brutgebiet und kehrt erst im Mai dorthin zurück. *Nahrung:* Sämereien von Gräsern und Wildkräutern *Brut:* Baut Nester in Felsspalten oder Zwergsträucher. Das Gelege besteht aus 5 bis 6 Eiern.

Karmingimpel

Größe: Kleiner als Buchfink 14–16 cm **Merkmale:** Das Männchen ist ein sehr auffälliger, an Kopf, Brust und Bürzel karminrot gefärbter Fink. Weibchen, einjährige Männchen und Jungvögel sind unscheinbar. Sie sind vorwiegend grau gefärbt mit feinen schwärzlichen Stricheln. Kennzeichnend ist der kurze, sehr kräftige Schnabel. *Stimme:* Ruf ansteigend „wüieh". Der Gesang erinnert an den Gesang des Pirols, ist aber viel höher, schneller und kürzer „fidjusiuh". *Verhalten:* Sitzt gern auf Baum– und Buschspitzen, während der Brutzeit heimlich. *Lebensraum:* Offene Wiesenlandschaft mit Büschen, oft am Rande von Auwäldern. *Vorkommen:* In Deutschland auf den Nordosten beschränkt. Die Ausbreitung nach Bayern (Nachweise aus Stuttgart) ist seit 1970 zum Erliegen gekommen. *Wanderungen:* Der Karmingimpel verbringt als einer der wenigen Zugvögel den Winter in Indien, von wo er erst im Mai zurückkehrt. *Nahrung:* Vorwiegend Knospen und Samen. *Brut:* Baut Nester niedrig in Büsche und Bäume. Das Gelege besteht aus 4 bis 6 Eiern.

Bluthänfling
R – Neckargröningen April 2012

Berghänfling
🌍 – Helgoland Oktober 2011

Birkenzeisig
🌍 – Norwegen Juli 1988

Karmingimpel
🌍 – Bayern Mai 2010

Rebhuhn

Größe: Etwa taubengroß, 28–32 cm **Merkmale:** Der untersetzte, mittelgroße Hühnervogel ist vorwiegend braun gefärbt, auf dem Rücken mit weißen und braunen Stricheln. Altvögel sind am Kopf orangebraun und auf der Unterseite grau gefärbt, dazu kommen braun gebänderte Flanken und ein schwarzbrauner Bauchfleck. Bei fliegenden Rebhühnern sind rotbraune Schwanzkanten erkennnbar. Jungvögel sind einheitlicher braun gefärbt. **Stimme:** Der Balzruf des Männchen ist ein wiederholtes „kirreck" oder „kirrick". Flüchtende Rebhühner rufen „krik–krik–krik". **Verhalten:** Rebhühner halten sich immer am Boden auf, oft unauffindbar in Feldern und Äckern. Auf Feldwegen sind sie gegenüber Fahrrädern und Autos manchmal recht vertraut. Solange die Jungvögel nicht fliegen können, kann man Familien oft „zu Fuß" flüchtend gut beobachten. **Lebensraum:** Das Rebhuhn ist ursprünglich ein Vogel von mit Hecken und Sträuchern durchsetzten Wiesen und Weideflächen. Inzwischen sind dem Rebhuhn gut gegliederte Feld– und Ackerflächen mit Hecken und Büschen als Lebensraum geblieben. **Vorkommen:** Auf einer intensiv genutzten Agrarsteppe hat das Rebihuhn keine Überlebensmöglichkeit. In unserem Raum weist das Rebhuhn vergleichsweise solide Bestände auf. In den Jahren 2011 und 2012 war der Bruterfolg ungewöhnlich gut. Auch zeigen Renaturierungsmaßnahmen wie am Stämme–Teich in Remseck gute Erfolge. **Wanderungen:** Jahresvogel **Nahrung:** Sämereien von Gräsern und Wildkräutern. Für die Aufzucht der Jungvögel sind Insekten sehr wichtig. **Brut:** Baut Nester gut geschützt zwischen Pflanzen in Mulden am Boden. Das Gelege enthält meistens mit 9 bis 20 Eier.

Wachtel

Größe: Halb so groß wie Rebhuhn 16–18 cm **Merkmale:** Die Wachtel kann nur mit jungen Rebhühnern verwechselt werden. Die vorwiegend braunen Wachteln weisen weiße Streifen auf dem Kopf, auf dem Rücken und an den Flanken auf. **Stimme:** Der Balzruf des Männchens ist unverkennbar „pickwerwik" oder lokal „sechspaarweck". **Verhalten:** Wachteln halten sich fast immer inmitten dichter Vegetation auf und sind höchst selten einmal zu sehen. **Lebensraum:** Ursprünglich Wiesenflächen mit hohem Gras. In Europa heute vorwiegend auf Getreidefeldern und Kartoffeläckern. **Vorkommen:** Selten gewordener Brutvogel in Deutschland. In unserem Raum Durchzügler in wechselnder Zahl und wohl vereinzelt auch Brutvogel. **Wanderungen:** Zieht im August–September nach Afrika und kehrt im April–Mai wieder zurück. **Nahrung:** Sämereien, Getreide und Insekten. **Brut:** Baut Nester am Boden. Das Gelege besteht aus 7 bis 14 Eiern.

Jagdfasan

Größe: Größer als Rebhuhn, extrem langschwänzig 70–90 cm **Merkmale:** Dieser braune, extrem langschwänzige Hühnervogel mit den roten Hautlappen am Kopf des Männchens ist unverkennbar. Das Weibchen ist etwas kleiner, heller und unscheinbarer. **Stimme:** Kennzeichnender Ruf des Männchens: „kröhköck". Auffliegende Fasane rufen „kock, kokok–kokok–kokok". **Verhalten:** Sucht in offener Heckenlandschaft Nahrung auf den Wiesenflächen. Flüchtet meistens erst auf kurze Distanz. **Lebensraum:** Bewohnt in seiner ostasiatischen Heimat offene, teilweise felsige Landschaften mit Büschen und niedrigen Bäumen. Die in Deutschland eingeführten Fasane haben sich am ehesten in den Niederungen von Flußtälern gehalten, nachdem die Aussetzung gezüchteter Fasane reduziert worden ist. **Vorkommen:** Das Ende vieler Aussetzungsaktionen hat gezeigt, daß unsere Landschaft für den Jagdfasan vielfach wenig geeignet ist. Inzwischen ist der Jagdfasan in unserem Raum recht selten. **Wanderungen:** Jahresvogel **Nahrung:** Sämereien, Früchte und Wirbellose **Brut:** Baut Nester am Boden. Das Gelege besteht aus 9 bis 12 Eiern.

Rebhuhn (♂)
R – Aldingen März 2010

Rebhuhn (Jungvögel)
R – Aldingen September 2011

Wachtel
🌐 – Kuwait April 2007

Jagdfasan
🌐 – Waghäusel Mai 2009

85

Kiebitz

Größe: Taubengroß 28–31 cm *Merkmale:* Der Kiebitz ist mit seiner schwärzlichen Oberseite, dem weißen Bauch und der langen Federholle unverkennbar. Jungvögel sind bräunlicher. Bei fliegenden Kiebitzen fallen die sehr breiten schwarz–weißen Flügel auf. *Stimme:* Der Kiebitz ruft typisch „kiewitt". Beim Balzflug hört man fauchende Laute und bei der Revierverteidigung jammernde Rufe. *Verhalten:* Sucht am Boden nach wirbellosen Kleintieren, die er oft über das Gehör findet. *Lebensraum:* Ursprünglich Brutvogel auf Mooren und nassen Wiesen, mußten die Kiebitze bei uns auf nur teilweise geeignete Kartoffel– oder Maisäcker ausweichen. *Vorkommen:* In Deutschland weit verbreitet, in unserem Raum aber nur noch einzelne Brutpaare. Als Durchzügler im März oder September–Oktober, gelegentlich bis über 100 Ex. *Wanderungen:* Zieht im Oktober in den Mittelmeerraum und kehrt im März zurück. *Nahrung:* Insekten und Würmer *Brut:* „Dreht" Nestmulden auf dem Boden. Immer 4 Eier pro Gelege.

Kiebitzregenpfeifer

Größe: Größer als Goldregenpfeifer 26–29 cm *Merkmale:* Im Schlichtkleid dem Goldregenfeifer recht ählich, aber heller, grauer und etwas größer. Das sicherste Merkmal sind die im Fluge sichtbaren schwarzen Achseln. Im Brutkleid ist der Kiebitzregenpfeifer aufgrund der silbrig–grauen Ober– und der schwarzen Unterseite unverkennbar. *Stimme:* Ruft „tühaüüh" *Verhalten:* Sucht auf Schlickflächen an der Küste und an Seeufern nach Nahrung. Viel seltener auf Äckern als der Goldregenpfeifer. *Lebensraum:* Brütet auf den Tundren Sibiriens. *Vorkommen:* An den Küsten von Nord– und Ostsee zahlreicher Durchzügler und teilweise Überwinterer. In unserem Raum extrem seltener Ausnahmegast. *Wanderungen:* Die hochnordischen Kiebitzregenpfeifer ziehen teilweise bis nach Südafrika. *Nahrung:* Würmer, Weichtiere und Krebse. *Brut:* In eine flache Mulde am Boden werden die 4 Eier gelegt.

Goldregenpfeifer

Größe: Kleiner als Kiebitz 25–28 cm *Merkmale:* Der Goldregenpfeifer ist oberseits bräunlich goldgelb. Zur Brutzeit sind Gesicht und Bauch schwarz, von der braunen Oberseite durch einen weißen Streifen getrennt.. Im Herbst sind Goldregenpfeifer fast einheitlich hellbraun gefärbt, nur der Bauch ist weißlich. Bei fliegenden Goldregenpfeifern fallen neben dem hellen Flügelstreif die hellen Unterflügel und vor allem die weißen Achseln auf. *Stimme:* Melancholisch abfallend „tüüh". *Verhalten:* Sucht auf nassen Wiesen, Feldern und Äckern nach Nahrung. *Lebensraum:* Brutvogel auf Mooren und Feuchtwiesen von Norddeutschland bis Nordskandinavien. *Vorkommen:* In unserem Raum wohl alljährlicher Durchzügler in geringer Zahl im März und September–Oktober. *Wanderungen:* Zugvogel, der bis in den Mittelmeerraum zieht *Nahrung:* Würmer, Schnecken, Insekten. *Brut:* In eine flache Mulde am Boden werden die 4 Eier gelegt.

Mornellregenpfeifer

Größe: Kleiner als Goldregenpfeifer 20–24 cm *Merkmale:* Kleiner und grauer als Goldregenpfeifer. Auch im Schlichtkleid an der dunklen Kopfkappe, dem hellen Überaugenstreif und dem hellen Brustband zu erkennen. Im Brutkleid ist der Mornell auf der Unterseite rostbraun bis schwärzlich („Brandfleck"). *Stimme:* Ruft weich „tjürr". *Verhalten:* Sucht ähnlich Goldregenpfeifer auf dem Zug auf Wiesen, Weiden und Feldern nach Nahrung. *Lebensraum:* Brutvogel auf den Fjälls Skandinaviens. Zur Zugzeit auf abgeernteten Feldern. *Vorkommen:* Galt bis vor wenigen Jahren als sehr seltener Durchzügler in Deutschland. Inzwischen sind aber Durchzugsgebiete bekannt, in denen alljährlich 10 bis über 20 Mornellregenpfeifer gesehen werden. In unserem Raum bisher nur wenige Einzelnachweise. *Wanderungen:* Die skandinavischen Brutvögel ziehen bis in den Mittelmeerraum. Im April–Mai und August–September sind Durchzügler in Deutschland zu beobachten. *Nahrung:* Spinnen und Insekten *Brut:* In eine flache Mulde am Boden werden 3 bis 4 Eier gelegt.

Kiebitz
R – Aldingen Mai 2012

Goldregenpfeifer
R – Aldingen Mai 2010

Kiebitzregenpfeifer
– Helgoland Oktober 2007

Mornellregenpfeifer
– Finnland Juli 1988

87

Großer Brachvogel

Größe: Fast bussardgroß 37–42 cm **Merkmale:** Diese größte europäische Limikole ist sehr leicht an den langen Beinen und dem langen, nach unten gebogenen Schnabel zu erkennen. Der hellbraune Vogel ist ober– und unterseits schwärzlich gestrichelt. *Stimme:* Unverkennbarer Ruf: „gööüh–göüh". Bei der Balz gehen diese Rufe in einen Triller über. *Verhalten:* Sucht vorzugsweise auf ausgedehnten feuchten Wiesen ohne viel Büsche oder Bäume nach Nahrung. *Lebensraum:* Ausgedehnte Wiesenlandschaften. Zur Zugzeit auch auf Feldern, Äckern und Seeufern. *Vorkommen:* In Deutschland inzwischen seltener Brutvogel mit starkem Rückgang. In unserem Raum unregelmäßiger Durchzügler. *Wanderungen:* Die europäischen Großen Brachvögel ziehen ab Juli teilweise bis in den Mittelmeerraum und kehren ab März wieder zurück. *Nahrung:* Würmer, Schnecken, gelegentlich Amphibien. *Brut:* Baut Nester in niedriger Vegetation. Das Gelege enthält 4 Eier.

Uferschnepfe

Größe: Kleiner als Großer Brachvogel 37–42cm *Merkmale:* Größe, Beine und Schnabel erinnern an Brachvögel. Der Schnabel dieser Schnepfe ist aber gerade. Zur Brutzeit sind Uferschnepfen vorwiegend rostfarben, im Winterhalbjahr hell graubraun. Kennzeichnend ist ein weißer Flügelstreif sowie der weiße Schwanz mit dunkler Endbinde. *Stimme:* Flugruf „hihihü". Balz laut „hüitü–hüitü–hüitü". *Verhalten:* Sucht auf offenen Wiesenflächen und Weiden nach Nahrung. *Lebensraum:* Zur Brutzeit auf großen, offenen Wiesenflächen. Auf dem Zug auch auf Schlickflächen an der Küste oder an Seeufern. *Vorkommen:* Heute seltener Brutvogel im norddeutschen Küstenbereich, in Süddeutschland extrem selten. Häufiger Durchzügler an der Küste, viel seltener in größeren Feuchtgebieten des Binnenlandes. In unserem Raum seltener Ausnahmegast. *Wanderungen:* Die Uferschnepfen ziehen im Oktober teilweise ins tropische Afrika und kehren im März–April wieder zurück. *Nahrung:* Regenwürmer, Insekten, Schnecken. *Brut:* Legt 4 Eier in eine Nestmulde.

Regenbrachvogel

Größe: Viel kleiner als Großer Brachvogel 33–41 *Merkmale:* Der Regenbrachvogel ist kleiner und kurzschnäbliger als der Große Brachvogel und am sichersten am weißen Scheitelstreifen und am Ruf zu erkennen. *Stimme:* Unverkennbare leicht abwärts gerichtete Reihe von meistens 7 Pfiffen: „ü–ü–ü–ü–ü–ü–ü". *Verhalten:* Ähnlich Großer Brachvogel *Lebensraum:* Regenbrachvögel brüten von Schottland über Skandinavien bis Sibirien auf der feuchten Tundra. Auf dem Zug auch an Seeufern. *Vorkommen:* In Süddeutschland regelmäßiger Durchzügler in geringer Zahl im April–Mai und im August–September. In unserem Raum sehr selten Durchzug von Einzelvögeln. *Wanderungen:* Die nordischen Brutvögel ziehen bis ins südlichste Afrika. *Nahrung:* Wie Großer Brachvogel. *Brut:* Baut Nester am Boden in niedrige Vegetation. Das Gelege enthält 4 Eier.

Kampfläufer

Größe: Viel kleiner als Brachvögel, Männchen 29–32 cm, Weibchen 22–26 cm. *Merkmale:* Der Kampfläufer ähnelt eher kräftigen Wasserläufern (S. 168), rastet aber häufiger auf Äckern und Feldern. Kennzeichnend ist die graue, hell geschuppte Oberseite, im Fluge ein weißer Flügelstreif sowie ein weißes V auf dem Schwanz. Die Männchen sind fast doppelt so groß wie die Weibchen. Zur Brutzeit tragen die Männchen auffällige rotbraune, schwarze oder weiße Federkragen. *Stimme:* Meistens stumm *Verhalten:* „Tänze" der Männchen in „Arenen", wo sich mehrere Männchen und Weibchen treffen. Die Weibchen erledigen die Brutgeschäfte anschließend allein. *Lebensraum:* Brutvorkommen auf Feuchtwiesen, Mooren und Tundra. Durchzügler rasten auf Schlickflächen, feuchten Wiesen und Äckern. *Vorkommen:* Seltener Brutvogel in Norddeutschland. Zahlreiche Durchzügler an den Küsten und großflächigen Feuchtgebieten. In unserem Raum unregelmäßiger Durchzügler im April–Mai und August–September. *Wanderungen:* Zieht bis ins tropische Afrika *Nahrung:* Insekten, Schnecken und Sämereien. *Brut:* Legt 4 Eier in eine Nestmulde.

Großer Brachvogel
🌐 – Finnland Juli 1978

Regenbrachvogel
🌐 – Thailand April 2011

Uferschnepfe
🌐 – Sylt Mai 1085

Kampfläufer
🌐 – Helgoland August 2007

Triel

Größe: Gut taubengroß 38–45 cm **Merkmale:** Der Triel ist vorwiegend hellbraun gefärbt mit dunklen Stricheln. Auffällig sind die schwarz–weiß gefleckten Flügel, die weißlichen Beine und das sehr große Auge. **Stimme:** Der Ruf, ein gedehntes „trrüühl", der ihm seinen Namen eingebracht hat, ist vorwiegend nachts zu hören. **Verhalten:** Sucht auf trockenen Flächen nach Nahrung. Tagsüber oft sehr versteckt lebend. **Lebensraum:** Der Triel ist eine von wenigen Limikolen, die vorzugsweise trockene Steppengebiete bewohnen. **Vorkommen:** Seit 2011 wieder deutscher Brutvogel (Baden). Häufiger in den Mittelmeerländern. In den letzten Jahrzehnten nur ein Nachweis in unserem Raum (S. 14). **Wanderungen:** Überwintert im Mittelmeerraum **Nahrung:** Insekten, Schnecken, Spinnen, manchmal kleine Reptilien. **Brut:** Legt meistens nur 2 Eier in die Nestmulde.

Wachtelkönig (Wiesenralle)

Größe: Kleiner als Teichhuhn (S.142) 22–25 cm **Merkmale:** Diese kleinere Ralle ist vorwiegend rotbraun gefärbt, mit dunklen Streifen auf dem Rücken und weißer Bänderung auf den Flanken. **Stimme:** Der knarrende Doppelruf zur Balzzeit „rrrp–rrrp" hat ihm den wissenschaftlichen Namen Crex eingebracht. Es hört sich an, als ob man mit einem Streichholz über einen Kamm streicht. **Verhalten:** Hält sich fast immer in hohem Gras auf und ist daher sehr selten zu sehen. **Lebensraum:** Feuchte Wiesen, Weiden, Moore oder Flußauen. **Vorkommen:** Früher Brutvogel bei Metterzimmern und im Rosensteinpark/Stuttgart. Seit etwa 20 Jahren keine Nachweise in unserem Raum. **Wanderungen:** Zieht bis ins tropische Afrika. **Nahrung:** Insekten, Spinnen, Schnecken. **Brut:** Baut Nester gut versteckt in dichter Vegetation. Das Gelege besteht aus 7 bis 11 Eiern.

Kranich

Größe: Größer als Graureiher (S.160) 96–117 cm **Merkmale:** Sehr großer, grauer Vogel mit schwarzem Hals und weißer sowie roter Zeichnung am Kopf. Jungvögel sind einfarbig braun gefärbt. Kraniche fliegen im Gegensatz zu Reihern mit ausgestrecktem Hals wie Störche. **Stimme:** Durchdringende trompetende Rufe „krruh" sind von ziehenden Kranichen auch nachts zu hören. **Verhalten:** Sehr scheu und heimlich im Brutgebiet. Auf dem Zug sehr auffällig; teilweise schon auf dem Zug Balztänze. **Lebensraum:** Brütet von Norwegen bis Sibirien in sehr feuchten Wäldern und Mooren, in Deutschland inzwischen solide Bestände in Nord– und Ostdeutschland. **Vorkommen:** In unserem Raum sehr unregelmäßiger Durchzügler, da die Hauptzugroute am Rhein entlang führt. **Wanderungen:** Zieht im Oktober–November nach Spanien und kehrt im März wieder zurück. **Nahrung:** Getreide, Feldfrüchte, Würmer und Insekten. **Brut:** Umfangreiche Nester am Boden, 2 Eier.

Turteltaube

Größe: Etwas kleiner als Türkentaube (S. 42) 25–27 cm **Merkmale:** Kleine oberseits rotbraune Taube mit grauem Kopf und hellgrauer Unterseite. Kennzeichnend ist der schwärzliche Schwanz mit weißer Endbinde sowie eine „Tigerung" an den Halsseiten. **Stimme:** Knurrende Rufreihe „kurrr–kurrr" während der Balz. **Verhalten:** Hält sich in Laubbäumen auf und sucht auf dem Boden nach Nahrung. **Lebensraum:** Offener Laub– und Auwald mit Büschen und Hecken, auch Gärten und Parks. **Vorkommen:** Regelmäßiger Brutvogel im Rheintal, aber in unserem Raum überraschend selten. Jedes Jahr nur wenige Durchzügler. **Wanderungen:** Zieht im August–September bis ins tropische Afrika und kehrt Ende März–Anfang April wieder zurück. **Nahrung:** Sämerein, Früchte, Blüten und Knospen. **Brut:** Baut einfache Nester in Büsche und niedrige Bäume. Das Gelege besteht aus 2 Eiern.

Triel
🌍 – Kuwait Mai 2008

Wachtelkönig–Wiesenralle
🌍 – Bayern Mai 2002

Kranich
🌍 – Sinai Oktober 2008

Turteltaube
🌍 – Marokko März 2006

Wiedehopf

Größe: Gut drosselgroß, 25–29 cm *Merkmale:* Der Wiedehopf ist aufgrund von Figur und Farbe unverkennbar. *Stimme:* Zur Brutzeit tiefe, hallende Rufe „huht–hut–hut" oder „huht–huht", die ihm den wissenschaftlichen Namen Upupa und den englischen Namen *Hoopoe* eingebracht haben. *Verhalten:* Hält sich zur Nahrungsaufnahme bevorzugt am Boden auf. Rastet auch auf Bäumen. Der flatternde Flug mit den großen schwarzweißen Flügeln macht den am Boden eher scheuen Vogel sehr auffällig. *Lebensraum:* Wiesen und Weiden sowie offener Auwald in klimatisch begünstigten Landschaften. *Vorkommen:* In Deutschland sehr lückenhaft verbreiteter, seltener Brutvogel, so in Südbaden. In unserem Raum nur vereinzelt Brutvogel (1994 Rosswag) und seltener, nicht alljährlicher Durchzügler im April–Mai, vereinzelt im Spätsommer. *Wanderungen:* Zieht ins tropische Afrika. *Nahrung:* Großinsekten wie Maulwurfsgrillen, Maikäfer, Engerlinge, Raupen sowie Asseln, Regenwürmer, Schnecken, Hundertfüßler und kleine Eidechsen. *Brut:* Brütet in Erdlöchern, Mauerspalten, Baumhöhlen und speziellen Nistkästen ohne viel Nistmaterial. Das Gelege besteht aus 5 bis 8 Eiern.

Bienenfresser

Größe: Wesentlich größer als Stare, mit Schwanzspießen 25–29 cm *Merkmale:* Der Bienenfresser ist der bunteste Vogel in Europa, was allerdings nur auf nähere Entfernung zu sehen ist. Die fliegenden Bienenfresser erinnern an sehr große Schwalben. Jungvögel sind vor allem am Rücken grünlicher und blasser. *Stimme:* Hoch fliegende Bienenfresser fallen am ehesten durch ihre lauten Rufe auf: „prürr–prürr". Die Rufe von mehreren Bienfressern können einen vielstimmigen Chor bilden. *Verhalten:* Bienenfresser sitzen gern auf exponierten Drähten oder Ästen, um von dort aus ihre Jagdflüge auf größere Fluginsekten zu starten. *Lebensraum:* Offene Landschaften mit Weiden und Gebüsch. Bienenfresser sind tropische Vögel. Es ist daher auch kein Wunder, daß der einzige europäische Bienenfresser vorzugsweise in klimatisch begünstigten Landschaften vorkommt. *Vorkommen:* Seltener Brutvogel von Südbaden bis Rheinland–Pfalz sowie in den östlichen Bundesländern. In unserem Raum bisher seltener Durchzügler in den Sommermonaten, im letzten Jahrzehnt offenbar etwas häufiger. *Wanderungen:* Bienenfresser ziehen im Winterhalbjahr nach Afrika. *Nahrung:* Fliegende Großinsekten, vor allem Bienen, Wespen und Libellen. *Brut:* Bienenfresser graben Bruttröhren in sandige Wände, oft kolonieweise. Das Gelege besteht aus 5 bis 7 Eiern.

Blauracke

Größe: Etwa dohlengroß (S. 68) 29–32 cm *Merkmale:* Die Blauracke ist an der leuchtend türkisblauen Farbe von Kopf und Unterseite sowie an dem kastanienbraunen Rücken leicht zu erkennen. Jungvögel sind wesentlich blasser gefärbt und undeutlich gestreift. *Stimme:* Tiefe Rufe , wie „rack–rack–rak", die dem Vogel auch den Namen *Racke* eingebracht haben. *Verhalten:* Blauracken sitzen häufig auf Bäumen, Masten oder Drähten. Von dort aus fliegen die Racken oft auf den Boden, um dort die vom Sitzplatz aus entdeckten Tiere zu erbeuten. *Lebensraum:* Offener Wald sowie Weiden, Wiesen und Parklandschaft mit Büschen und großen Bäumen. *Vorkommen:* In Deutschland als Brutvogel seit Jahrzehnten verschwunden. Die leicht zunehmende Zahl von Gästen im Sommer könnte jedoch auf die Rückkehr des vor allem im Osten Deutschlands früher verbreiteten Brutvogels hindeuten. In unserem Raum ein Nachweis aus dem Bottwartal (etwa 1963; S. 14). *Wanderungen:* Blauracken ziehen nach Afrika und verbringen dort den Winter. *Nahrung:* Vorwiegend große Insekten wie Grillen und Käfer, auch kleine Eidechsen und im Herbst Beeren. *Brut:* In Europa brütet die Blauracke in Baumhöhlen, Erdlöchern und speziellen Nistkästen, die in Spanien zu einer Erholung des Bestandes geführt haben. Das Gelege besteht aus 3 bis 5 Eiern.

Wiedehopf 🌍 – Neusiedl März 2008

Wiedehopf 🌍 – Gran Canaria März 1981

Bienenfresser 🌍 – Darmstadt Mai 2008

Bienenfresser 🌍 – Camargue Mai 1994

Blauracke 🌍 – Kuwait April 2009

Blauracke 🌍 – Brühl Juni 2009

Ziegenmelker

Größe: Knapp taubengroß 24–28 cm **Merkmale:** Der Ziegenmelker ist ein nachtaktiver Vogel, der entfernt mit den Eulen verwandt ist. Der Vogel ist auf einem Ast optimal getarnt, weil er immer in Richtung des Astes sitzt – nicht quer wie andere Vögel – und durch sein Rindenmuster nicht auffällt. **Stimme:** Zur Brutzeit lassen die Ziegenmelker ein in der Tonhöhe wechselndes hartes Schnurren hören. Einzelruf: „gueck". **Verhalten:** Ziegenmelker fliegen nachts schwalbenähnlich über offene Heiden und Waldlichtungen. **Lebensraum:** Offene, trockene Wälder mit Kiefern und Heiden, oft auf Sandböden. **Vorkommen:** Recht seltener Brutvogel in Deutschland mit großen Verbreitungslücken. In unserem Raum sehr seltener, vermutlich oft übersehener Durchzügler. In Aldingen ein Totfund 2001. **Wanderungen:** Zieht bis ins tropische Afrika. **Nahrung:** Nachts fliegende Insekten, vor allem Schmetterlinge, Käfer, Fliegen und kleine Mücken. **Brut:** Baut keine Nester, sondern legt die beiden Eier auf den Heideboden.

Schlangenadler

Größe: Viel größer als Mäusebussard 62–69 cm **Merkmale:** Dieser große Greifvogel kann sehr hell, aber auch sehr dunkel sein. Er ist grundsätzlich an dem eulenartig großen Kopf, an den großen gelben Augen, der meistens dunklen Brust und den dunklen Binden auf dem Schwanz und der Flügelunterseite zu erkennen. **Stimme:** Ähnlich Mäusebussard **Lebensraum:** Wälder mit angrenzenden offenen Steppen, Feuchtwiesen oder Macchia. **Vorkommen:** In Deutschland ehemaliger Brutvogel. Sommergäste deuten darauf hin, daß eine Rückkehr möglich sein könnte. In unserem Raum extrem seltener Ausnahmegast. **Wanderungen:** Zieht im Winter ins tropische Afrika. Bei der Rückkehr im Frühjahr fliegen manche Schlangenadler über ihr südlicheres Brutgebiet hinaus nach Deutschland. **Nahrung:** Vorwiegend Schlangen und Eidechsen, aber auch Vögel und Kleinsäuger. **Brut:** In die großen Horste in hohe Bäume wird nur ein Ei gelegt.

Sumpfohreule

Größe: Kaum größer als Waldohreule (S. 44) 33–40 cm **Merkmale:** Der Waldohreule ähnlich, aber grauer, mit gelben Augen, kurzen Federohren und Längsstreifen auf der Brust (keine Quertreifen). Im Fluge sind die Flügel erheblich heller. **Stimme:** Tiefe Balzrufe und zischende Warnlaute. **Verhalten:** Die Sumpfohreule fliegt im Brutrevier am Tag, um nach Beute zu suchen. Während des Zuges auch tagsüber über Feldern, Dörfern oder dem Meer. **Lebensraum:** Sehr offene Landschaften wie Moore, Tundren, Dünengelände, Salzwiesen oder Dünen. **Vorkommen:** In Deutschland regelmäßiger, seltener Brutvogel in Norddeutschland, vor allem auf Nordseeinseln. In Süddeutschland unregelmäßiger Brutvogel. In unserem Raum seltener, nicht alljährlicher Durchzügler. **Wanderungen:** Die bis Nordskandinavien vorkommenden Sumpfohreulen ziehen im Winter bis in den Mittelmeerraum. **Nahrung:** Fast ausschließlich Wühlmäuse **Brut:** In die Nestmulde am Boden werden 7 bis 10 Eier gelegt, bei einem Massenvorkommen von Wühlmäusen auch mehr.

Steinadler

Größe: Extrem großer Greifvogel 80–93 cm **Merkmale:** Alte Steinadler sind fast einfarbig schwarzbraun mit goldgelbem Hinterkopf („Goldadler"). Junge Steinadler haben zunächst einen weißen Schwanz mit dunkler Endbinde und große, weiße Flecke auf den Handschwingen. Über 4 bis 6 Jahre hinweg werden die Adler dann immer dunkler. **Stimme:** Meistens stumm **Verhalten:** Sucht bei Thermik viele Stunden pro Tag sein Revier im Segelflug ab. **Lebensraum:** Bis vor etwa 200 Jahren Brutvogel in weite Teilen Deutschlands, auch in Wäldern der Mittelgebirge. Aufgrund starker Verfolgung dann Rückzug auf die felsigen Hochlagen der Alpen. **Vorkommen:** Als Brutvogel weitestgehend auf die Alpen beschränkt. Unregelmäßige Gäste in ganz Deutschland, so auch extrem selten in unserem Raum. **Wanderungen:** Jahresvogel, Jungvögel streichen oft umher. **Nahrung:** Säugetiere und Vögel passender Größe, häufig auch Aas. **Brut:** Baut riesige Horste, in die 2 Eier gelegt werden. Es fliegt aber nur ein Jungvogel aus.

Ziegenmelker
🌐 – Armenien Mai 2006

Sumpfohreule
R – Aldingen März 2012

Schlangenadler
🌐 – Kuwait April 2008

Steinadler
🌐 – Garmisch-Partenkirchen Juni 2007

Rohrweihe

Größe: Kleiner als Mäusebussard 43–55 cm
Merkmale: Oberflächlich an Mäusebussard erinnernd, aber etwas kleiner und schlanker. Die Flügel werden beim Segeln meistens V–förmig schräg nach oben gehalten. Der Flug ist etwas gaukelnd. Die Männchen haben einen hellen Kopf und sind oft auf der Flügel–Ober– und Unterseite variabel düster grau bis weißlich grau gefärbt. Weibchen und Jungvögel sind fast einheitlich dunkelbraun gefärbt, fallen aber oft durch helle bis kremfarbene Scheitel und Kehle auf. **Stimme:** Im Brutgebiet pfeifende und jammernde Rufe **Verhalten:** Fliegt meistens im Gaukelflug über Wiesen, Äcker und Röhricht, um Beutetiere zu suchen. Sitzt oft am Boden. **Lebensraum:** Große Schilfflächen, feuchte Wiesen, aber auch Getreidefelder und Ackerflächen. **Vorkommen:** In Deutschland weit verbreiteter Brutvogel, im Süden allerdings mit großen Verbreitungslücken. In unserem Raum alljährlicher Durchzügler April–Mai und September–Oktober, vielleicht vereinzelter Brutvogel. **Wanderungen:** Die Mehrheit der Rohrweihen überwintert im Mittelmeerraum, vereinzelt in Deutschland. **Nahrung:** Kleinsäuger, Amphibien, Vögel und Eier. **Brut:** Baut Nester im Schilf oder in Getreidefeldern. Das Gelege besteht aus 4 bis 5 Eiern.

Kornweihe

Größe: Etwa wie Rohrweihe 42–55 cm **Merkmale:** In Größe und Figur der Rohrweihe sehr ähnlich. Das Männchen ist allerdings sehr hell blaugrau mit weißlichem Bauch, schwarzen Handschwingen, einem weißen Bürzel und einem dunklen Flügelhinterrand. Weibchen und Jungvögel sind oberseits braun mit weißem Bürzel und heller Unterseite. Die Unterseite der Flügel und die Brust sind stark gestreift. Die Flügelspitze besteht aus 4 verlängerten Handschwingen. **Stimme:** Am Brutplatz pfeifende Rufe **Verhalten:** Sehr ähnlich Rohrweihe **Lebensraum:** Zur Brutzeit auf Mooren, Heidegebieten und Dünenlandschaften. Auf dem Zug auf Wiesen, Weiden, Äckern und Feldern **Vorkommen:** Als Brutvogel in Deutschland sehr selten, etwa auf den Inseln der Nordsee. In unserem Raum regelmäßig wenige nordische Durchzügler vor allem von Oktober bis März **Wanderungen:** Die Brutvögel Skandinaviens und Russlands ziehen im Winterhalbjahr bis in den Mittelmeerraum, überwintern teilweise aber auch in Deutschland. **Nahrung:** Kleinsäuger und Vögel **Brut:** Baut Nester am Boden. Das Gelege besteht aus 4 bis 5 Eiern.

Wiesenweihe

Größe: Kaum kleiner als Rohrweihe 39–50 cm
Merkmale: Der Kornweihe sehr ähnlich. Das Männchen ist dunkler grau als die Kornweihe, mit einer schwarzen Binde auf den Armschwingen und grauem Bürzel. Die Weibchen sind denen der Kornweihe äußerst ähnlich. Die Jungvögel sind unterseits ungestreift rostbraun. Die Flügelspitze besteht aber nur aus 3 verlängerten Handschwingen. **Stimme:** Am Brutplatz pfeifende Rufe **Verhalten:** Sehr ähnlich Kornweihe **Lebensraum:** Moore und feuchte Wiesenflächen, zunehmend auch auf Äckern und Getreidefeldern, wo der Bruterfolg durch Schutzprogramme gut ist. **Vorkommen:** In Deutschland als Brutvogel sehr lückenhaft verbreitet, Zunahme in Teilen Bayerns. In unserem Raum seit kurzer Zeit fast alljährlicher Durchzügler im April–Mai und im August. **Wanderungen:** Wiesenweihen ziehen im Winter ins tropische Afrika und kehren im April wieder zurück. **Nahrung:** Kleinsäuger, Vögel und größere Insekten wie Käfer und Heuschrecken. **Brut:** Baut Nester am Boden. Das Gelege besteht aus 4 bis 5 Eiern.

Rohrweihe (♂) 🌐 – Tansania Dezember 1979

Rohrweihe (♀) **R** – Aldingen August 2006

Kornweihe (♂) 🌐 – Borkum Juli 1977

Kornweihe (Jungvogel) **R** – Aldingen Januar 2012

Wiesenweihe (♂) 🌐 – Kuwait April 2007

Wiesenweihe (♀) **R** – Vördere Mai 2009

97

Baumfalke

Größe: Etwas kleiner als Turmfalke 29–35 cm
Merkmale: Etwas kleiner und viel kurzschwänziger als Turmfalke. Altvögel sind oberseits schwärzlich blau mit weißlicher, kräftig
schwarz gestreifter Unterseite. Unterbauch und
Schenkelbefiederung sind leuchtend rotbraun.
Jungvögel sind oberseits bräunlich und unterseits auf blaß braunem Untergrund dunkler gestreift. Im Flug erinnert der Baumfalke an einen
großen Segler (S. 40). *Stimme:* Am Brutplatz
eine langsame an Wendehals erinnernde Reihe
jammernder Rufe „tjä–tjä–tjä". Sonst auch hoh-
re scharfe Rufe wie „kick" *Verhalten:* Sitzt gern
auf Baumspitzen und Masten. Macht vor allem
am frühen Vormittag und am späten Abend mit
rasantem Flug Jagd auf Schwalben und Segler. *Lebensraum:* Offene Wälder, Waldränder,
Flußauen, Wiesen und Weiden. *Vorkommen:*
In Deutschland weit verbreiteter, aber überall
seltener Brutvogel. In unserem Raum alljährlicher Brutvogel (LB 12–20 Brutpaare). *Wanderungen:* Baumfalken ziehen im September ins
tropische Afrika und kehren im April wieder
zurück. *Nahrung:* Fliegende Vögel, vor allem
Schwalben und Segler, aber auch Großinsekten
wie Libellen, Heuschrecken und Käfer. *Brut:*
Baut keine eigenen Nester, sondern übernimmt
häufig die Nester von Rabenkrähen, wenn deren Junge das Nest verlassen haben. Das Gelege besteht aus 2 bis 4 Eiern.

Rotfußfalke

Größe: Etwas kleiner als Turmfalke 28–34 cm
Merkmale: Dem Baumfalken grob ähnlich.
Männchen sind vorwiegend schwärzlich blau-
grau mit rotbrauner Schenkelbefiederung und
leuchtend roten Beinen und Füßen. Weibchen
haben einen blaugrauen, dunkel gebänderten
Rücken. Der Kopf und die Unterseite sind leuchtend orangebraun. Der Schwanz ist etwas länger
als beim Baumfalken. Jungvögel sind jungen
Baumfalken sehr ähnlich, Schwanz etwas länger,
Unterbauch und Unterschwanzdecken heller.
Stimme: Hohe Rufreihen „ki–ki–ki–ki" *Verhal-
ten:* Sehr gesellig. Jagt in seinen osteuropäischen
Brutgebieten meistens in größeren Gruppen,
gern auch später am Tag (*Abendfalke*). Rüttelt
wie der Turmfalke oft. *Lebensraum:* In seinem
osteuropäischen Brutgebiet offene Landschaften
(Pusta) mit Hecken, Baumgruppen und kleinen
Wäldchen. *Vorkommen:* Brütet nur ausnahms-
weise einmal in Deutschland, aber in manchen
Jahren Durchzügler zu Dutzenden. In unserem
Raum unregelmäßig und selten. *Wanderungen:*
Rotfußfalken ziehen im September ins tropi-
sche Afrika und kehren im April wieder zurück.
Nahrung: Vorwiegend fliegende Großinsekten,
Libellen, Heuschrecken und Käfer, auch kleine
Wirbeltiere. *Brut:* Baut keine eigenen Nester,
sondern benützt beispielsweise die Nester in
Saatkrähen–Kolonien. Das Gelege besteht aus 3
bis 4 Eiern.

Merlin

Größe: Kleiner als Turmfalke 26–33 cm *Merkmale:* Kleinster europäischer Falke. Das Männchen ist oberseits blaugrau, unterseits hell
bräunlich mit dunklerer Längsstreifung. Weibchen und Jungvögel sind oberseits bräunlich.
Der Schwanz ist etwas kürzer als beim Turmfalken. *Stimme:* Keckernde Rufe im Brutgebiet,
sonst meistens stumm. *Verhalten:* Sitzt gern auf
Baumspitzen, Masten und Drähten. Macht von
dort aus in rasantem Flug Jagd auf Kleinvögel
(*Lerchenfalke*). *Lebensraum:* Lebt als Brutvogel
in offenem Gelände auf Island, in Skandinavien
und Sibirien, so in Mooren, Tundren und Weiden. Im Winterquartier auch auf offenen Flächen
an der Küste und auf Äckern oder Riedflächen
im Binnenland. *Vorkommen:* In Deutschland
regelmäßiger Durchzügler, am häufigsten an
der Küste von Nord– und Ostsee, aber teilweise
auch Überwinterer in Süddeutschland an Seeufern und Rieden. *Wanderungen:* Merline ziehen im August–September unter anderem nach
Mitteleuropa, wo sie den Winter verbringen und
im April wieder zurückziehen. *Nahrung:* Kleinvögel, aber auch Mäuse *Brut:* Baut keine Nester, sondern legt 3 bis 6 Eier auf den Boden, in
Felsplatten, Baumhöhlen oder in dichte, höhere
Vegetation.

Baumfalke 🌐 – Türkei Juni 2007

Baumfalkennest **R** – Aldingen Juli 2003

Rotfußfalke (♂) 🌐 – Ungarn April 2008

Rotfußfalke (♀) **R** – Aldingen Mai 1999

Merlin (♂) 🌐 – Florida April 1991

Merlin (♀) **R** – Aldingen September 2008

99

Würgfalke (Saker)

Größe: Größer als Wanderfalke 47–55 cm
Merkmale: Größer, kräftiger und langschwänziger als der Wanderfalke. Altvögel sind auf dem Rücken eher heller gelblichbraun, während die Jungvögel sehr dunkel braun sind. Der Kopf, vor allem die Wangen, sind sehr hell, der Bartstreif viel dünner als beim Wanderfalken. Die Unterseite ist längsgestreift, bei Jungvögeln noch kräftiger als bei Altvögeln. Im Fluge fallen die sehr breiten und weniger zugespitzten Flügel auf. Kennzeichnend sind die schwärzlich braunen Unterflügeldecken und der im Vergleich zum Wanderfalken recht lange Schwanz. **Stimme:** Am Brutplatz schrille Rufreihen und jammernde Rufe **Verhalten:** Sitzt gern auf Baumspitzen und Masten. Von dort aus macht er kraftvolle Jagdflüge auf Krähen, Elstern, Tauben und andere Vögel. Jagt manchmal auch anderen Greifvögeln die Beute ab. **Lebensraum:** In seinem osteuropäischen Brutgebiet (Ungarn, Rumänien, Bulgarien) Steppen (Pußta), Wiesen und Weidelandschaften, oft in Flußtälern. Gäste in Mitteleuropa meistens in offenem Agrarland. **Vorkommen:** Der Nationalvogel Ungarns hat aufgrund intensiver Schutzbemühungen seinen Bestand in den letzten 20 Jahren erheblich vergrößern können. Wohl in diesem Zusammenhang war Ende Juli / Anfang August 2012 ein 2–jähriger Würgfalke bei Mühlhausen/Kornwestheim die Attraktion für Feldornithologen über die Region hinaus. Da immer wieder Kreuzungen verschiedener Falkenarten auch in der Natur auftauchen, wurde die Bestimmung des seltenen Gastes mit Hilfe der Fotos von Spezialisten aus Ungarn und Finnland überprüft und bestätigt. **Wanderungen:** Würgfalken wandern im Herbst teilweise nach Südosten in die Türkei oder sogar nach Ostafrika. **Nahrung:** Kleinsäuger, teilweise vorzugsweise Ziesel, Krähen, Elstern, Tauben und manchmal sogar Reiher. **Brut:** Baut keine eigenen Nester und brütet in den Nestern von Krähen, oft auf Masten. Das Gelege besteht aus 3 bis 4 Eiern.

Raufußbussard

Größe: Größer als Mäusebussard 49–59 cm
Merkmale: Dem Mäusebussard sehr ähnlich, aber wenn man beide Arten zusammen sieht, deutlich größer. Daß es sich bei sehr hellen Bussarden meistens um Raufußbussarde handelt, ist falsch. Mäusebussarde können viel heller sein, haben die typischen Merkmale des Raufußbussards jedoch nicht. Das sind: recht heller Kopf, brauner bis schwärzlicher Bauch, helle Unterflügel mit schwarzem Bugfleck und schwarzem Hinterrand, Schwanz vorwiegend weiß mit schwarzer Endbinde. Bei jungen Männchen kann der Kopf dunkler sein, der Schwanz hat einige dunkle Binden. Die Bestimmung ist dann teilweise schwierig. Die „rauen" Füße, d.h. befiederten Läufe, sind oft nicht zu sehen. **Stimme:** Ähnlich Mäusebussard **Verhalten:** Ähnlich Mäusebussard. Fliegt aber ruhiger und langsamer. Die meisten Raufußbussarde rütteln häufig, Mäusebussarde eher selten. Das Rütteln ist kein sicheres Merkmal, aber im Winter immer „verdächtig". **Lebensraum:** Weniger Waldbewohner als der Mäusebussard. Der Raufußbussard lebt in Skandinavien und Sibirien oft in der Taiga (sehr offener Wald), brütet aber auch in der baumlosen Tundra am Boden. Im mitteleuropäischen Winterquartier bevorzugt der Raufußbussard offenere Landschaften als der Mäusebussard. **Vorkommen:** An der Küste von Nord– und Ostsee sowie in den norddeutschen Ried– und Moorflächen regelmäßiger, aber keinesfalls häufiger Wintergast. In Süddeutschland viel seltener. Ausnahme war ein Invasionswinter 1986/87, als einige Raufußbussarde auch im Kreis Ludwigsburg beobachtet worden sind. **Wanderungen:** Die nordischen Raufußbussarde erscheinen im September in Mitteleuropa und ziehen im April wieder ab. **Nahrung:** Vor allem Mäuse, seltener größere Säugetiere. **Brut:** Baut Horste in Bäume, auf Felsklippen oder am Boden. Die Gelege enthalten 3 bis 5 Eier.

Würgfalke – Sakerfalke (♀)
R – Kornwestheim August 2012

Würgfalke – Sakerfalke (♀)
R – Kornwestheim August 2012

Raufußbussard
– Öland Oktober 2005

Raufußbussard
– Norwegen Juli 1978

Vögel der Wälder

Der Wald hat überragende Bedeutung für die Rein-
haltung von Luft und Wasser, als Erholungsfläche
für Menschen, aber auch als Lebensraum für Vögel
und andere Tierarten.

Mäusebussard

Größe: 46-58 cm **Merkmale:** Der häufigste einheimische Greifvogel ist eine bekannte Erscheinung. Wie der französische Name **Buse variable** andeutet, gibt es aber oft extrem weiße, schwärzliche und andere abweichende Exemplare, die an andere Arten denken läßt. Der Mäusebussard hat aber meistens eine dunkle Brust und ein helleres Brustband. Schwanz und Flügel sind meistens fein gebändert und bei Altvögeln dunkel begrenzt. Der Mäusebussard wirkt im Vergleich zu den anderen einheimischen Greifvögeln eher plump im Flug. **Stimme:** Typischer Ruf "hiäh", Jungvögel haben jammernde Rufe. **Verhalten:** Sitzt gern auf Bäumen, Pfählen, Masten oder am Boden, wo er auch nach Nahrung sucht. Segelt ausdauernd mit leicht nach oben abgewinkelten Flügeln. **Lebensraum:** Brütet in Wäldern oder Baumgruppen. Nahrungssuche aber in offenem Gelände aller Art. **Vorkommen:** In Deutschland sehr häufig. Der Bestand hängt unmittelbar vom Bestand der Feldmäuse ab. Bricht der Bestand an Feldmäusen zusammen, dann können diese Bussarde kaum Junge aufziehen. In "Mäusejahren" können sie das aber wieder aufholen. In unserem Raum Brutvogel (LB 150-200 Brutpaare), teilweise aber auch sehr häufiger Durchzügler und Wintergast aus Skandinavien und Russland. **Wanderungen:** Die einheimischen Bussarde sind Jahresvögel, die Jungvögel teilweise Kurzstreckenzieher.

Mäusebussard (dunkel)
R – Aldingen April 2012

Nahrung: Vorwiegend Feldmäuse, Spitzmäuse und Waldmäuse, teilweise auch Regenwürmer. Vor allem im Winter spielt Aas eine wichtige Rolle. Darauf deuten die vielen Bussarde, die am Straßenrand auf Strassenopfer spekulieren. **Brut:** Baut Horste in Bäume. Das Gelege besteht aus 2 bis 3 Eiern.

Wespenbussard

Größe: Wie Mäusebussard 52-59 cm **Merkmale:** Dem Mäusebussard oberflächlich sehr ähnlich, aber der bläuliche Kopf ist taubenartig klein und die Armschwingen relativ breit. Flügel und Schwanz sind kräftiger gebändert, wobei der etwas längere Schwanz immer eine Endbinde und zwei weitere Binden aufweist. Auch beim Wespenbussard gibt es hellere und dunklere Exemplare. Auf kurze Entfernung fällt das große, gelbe Auge auf. **Stimme:** Pfeifende Rufe am Brutplatz, sonst stumm. **Verhalten:** Recht heimlich, oft am Boden. Bei der Balz erinnert der Flug an einen Schmetterling.

Lebensraum: Wälder mit angrenzenden Wiesen, Weiden und Lichtungen. **Vorkommen:** In Deutschland verbreiteter, nirgends häufiger Brutvogel. In unserem Raum regelmäßiger Durchzügler im Mai und August-September, vermutlich sehr seltener Brutvogel. **Wanderungen:** Die von Schweden bis Rußland brütenden Wespenbussarde ziehen wie unsere Brutvögel ins tropische Afrika. **Nahrung:** Wespen, deren Nester ausgegraben werden, Würmer und im Herbst Obst. **Brut:** Baut gut versteckte Horste in Bäume. Das Gelege besteht aus 2 Eiern

Mäusebussard (hell)

R – Aldingen August 2006

Mäusebussard

R – Aldingen März 2011

Wespenbussard

– Türkei Mai 2007

Wespenbussard

– Schwarzwald Juni 2012

Sperber

Größe: Männchen keiner, Weibchen größer als Turmfalke, 29-41 cm *Merkmale:* Der Sperber ist ein kleiner Greifvogel mit recht kurzen, abgerundeten Flügeln und langem Schwanz. Die kurzen Flügel ermöglichen den schnellen Flug durch den deckungsreichen Wald sowie einen schnellen Start bei einem Angriff auf ein Beutetier. Der lange, eckige Schwanz verhilft dem Sperber zu einem sehr wendigen Flug um Beutetiere im Flug zu verfolgen. Die Oberseite ist grau, bei Jungvögeln bräunlich, die Unterseite ist fein gebändert (*gesperbert*), bei Jungvögeln aber wesentlich gröber. Das Weibchen ist erheblich größer und fast doppelt so schwer wie das Männchen. Diese sind auf der Unterseite rötlich-orange gesperbert und haben rötliche Augen. Aufgrund des Größenunterschiedes der Geschlechter erbeuten die Männchen eher kleinere Vögel. *Stimme:* Am Brutplatz spitze Rufe "kikikiki"

Verhalten: Sitzt meistens versteckt in der Mitte von Büschen und Bäumen. Fliegt oft knapp über den Boden oder dicht an Büschen und Bäumen vorbei, 6 bis 8 Flügelschläge wechseln mit Gleitstrecken ab. Manchmal fliegen Sperber bei ihren vehementen Jagdflügen gegen Fensterscheiben. *Lebensraum:* Brütet in Wäldern, jagt aber auch in offenem Gelände mit Büschen. *Vorkommen:* In Deutschland weit verbreitet, aber nicht häufig. In unserem Raum Brutvogel (LB 30-100 Brutpaare), aber auch häufiger Durchzügler und Wintergast aus Nordeuropa. *Wanderungen:* Die nordischen Sperber und einige unserer Jungvögel ziehen bis in den Mittelmeerraum. *Nahrung:* Fast ausschließlich Vögel, nur selten Insekten oder Mäuse, kein Aas. *Brut:* Baut Horste in Bäume, oft Nadelwalddickungen. Das Gelege besteht aus 4 bis 6 Eiern.

Habicht

Größe: Größer als Sperber, Weibchen bis bussardgroß 49–64 cm *Merkmale:* Dem Sperber sehr ähnlich. Der männliche Habicht ist nur wenig größer als der weibliche Sperber und am besten an dem abgerundeten Schwanz zu erkennen. Außerdem ist der Flug etwas langsamer, die Flügel geringfügig spitzer und der Hals etwas länger. Das bussardgroße Habicht-Weibchen ist leicht zu erkennen, wenn man einen Größenvergleich hat. Junge Habichte sind nicht gesperbert, sondern rotbraun längsgestreift (alter Jägername *Rothabicht*). Der Habicht sinkt während der Gleitstrecken zwischen den Flügelschlägen nicht ab wie ein Sperber. *Stimme:* Ähnlich Sperber, aber tiefer und langsamer. *Verhalten:* Ähnlich Sperber, aber noch heimlicher und recht scheu. *Lebensraum:* Dichte Wälder mit angrenzenden Wiesen, Weiden und Lichtungen.

Vorkommen: In Deutschland verbreiteter Brutvogel, aber viel seltener als der Sperber. In unserem Raum seltener Brutvogel (LB 10-30 Brutpaare). Außerdem ziehen im Winterhalbjahr nordische Habichte bei uns durch, oft die leichter bestimmbaren Jungvögel. *Wanderungen:* Jahresvogel, im Winterhalbjahr ziehen junge Habichte umher. *Nahrung:* Habichte sind in Bezug auf die Nahrungsversorgung extrem anpassungsfähig. Sie erbeuten Vögel von Drosseln bis zu Hühnern, aber ebenso Säugetiere von Mäusen bis Eichhörnchen und Kaninchen. *Brut:* Baut Horste in die Krone hoher Bäume. Das Gelege besteht aus 2 bis 5 Eiern.

Sperber (♂)
R – Aldingen Dezember 2009

Sperber
R – Freiberg September 2012

Habicht (Jungvogel)
R – Neckargröningen August 2012

Habicht (Jungvogel)
 – USA August 1990

Rotmilan

Größe: Deutlich größer als Mäusebussard 61-72 cm **Merkmale:** Der Rotmilan ist ein vorwiegend rotbrauner, schlankflügeliger und extrem langschwänziger Greifvogel. Beim fliegenden Rotmilan fallen die weißen Bereiche der Handschwingen sehr auf. Der fuchsrote Schwanz ist tief gegabelt (*Gabelweihe*) und wirkt nie "abgeschnitten", auch wenn er gespreizt wird. Jungvögel sind bräunlicher als die Altvögel und auf der Oberseite deutlich hell geschuppt. **Stimme:** Eine Serie jodelnder Rufe hört sich an wie "fi-uuh---fiu-fiu-fiu-fiu" und ist auf einige hundert Meter Entfernung zu hören. **Verhalten:** Milane sitzen gern auf Bäumen oder Masten, öfters auch auf dem Boden. Der Rotmilan fliegt sein Revier mit weichen Flügelschlägen ab, um nach Nahrung zu suchen. **Lebensraum:** Bevorzugt Wälder in Hügellandschaften mit ausgedehnten Wiesen und Weiden, oft in der Nähe von Gewässern, aber durchaus auch in trockeneren Landschaften.

Vorkommen: In Deutschland lebt etwa die Hälfte der Rotmilan-Weltpopulation. Deutschland trägt daher eine hohe Verantwortung für den Schutz dieser hübschen Art. In Norddeutschland ist die Art häufiger als im Süden. In unserem Raum aber regelmäßiger, wenn auch seltener Brutvogel (LB unter 10 Brutpaare). Zu den Zugzeiten von Februar bis Mai sowie von August bis November recht häufiger Durchzügler. **Wanderungen:** Rotmilane überwintern in geringer, aber zunehmender Zahl in Deutschland. Viele von ihnen ziehen aber von August bis November in den Mittelmeerraum und kehren im März zurück. **Nahrung:** Säugetiere und Vögel, aber auch Regenwürmer und Aas. **Brut:** Baut große Horste in hohe Bäume. Das Gelege besteht aus 2 bis 3 Eiern.

Schwarzmilan

Größe: Kleiner als Rotmilan 48-58 cm **Merkmale:** Ähnlich Rotmilan, aber wesentlich dunkler, bräunlicher und einfarbiger. Nur der etwas weißliche Kopf ist heller als das sonstige Gefieder. Der Schwarzmilan ist nicht ganz so schlank und langflügelig wie der Rotmilan und fliegt auch nicht ganz so weich und elegant. Der weniger eingeschnittene Schwanz sieht abgeschnitten aus, wenn er gespreizt wird. Jungvögel erscheinen durch helle Federränder geschuppt und sind etwas heller bräunlich als die Altvögel. **Stimme:** Ähnlich Rotmilan, aber kürzer und mehr wiehernd als jodelnd. **Verhalten:** Schwarzmilane halten sich bevorzugt an Flüssen und Seen auf, wo sie die Ufer abfliegen und bevorzugt nach Aas und Fischresten Ausschau halten. **Lebensraum:** Mehr als der Rotmilan ist der Schwarzmilan ein ausgemachter Flußbewohner und daher fast immer der Nähe von Gewässern mit Baumbestand anzutreffen.

Vorkommen: In Deutschland häufig und weit verbreitet. In unserem Raum regelmäßiger Brutvogel (LB etwa 10 Brutpaare), meistens in der Nähe des Neckars. **Wanderungen:** Der Schwarzmilan zieht oft außerordentlich früh in sein tropisches Winterquartier nach Afrika, oft bereits Ende Juli, ausnahmsweise auch erst im Oktober. Ebenso kehren die Schwarzmilane sehr früh, oft gegen Mitte März in ihr Brutrevier zurück. **Nahrung:** Hauptsächlich Fische und Fischabfälle, ebenso Regenwürmer und Aas, manchmal auch selbst erbeutete Kleinsäuger. **Brut:** Baut wie der Rotmilan Horste in hohe Bäume am Waldrand. Das Gelege besteht aus 2 bis 3 Eiern.

Rotmilan
R – Aldingen April 2012

Rotmilan
R – Aldingen Mai 2011

Schwarzmilan (Jungvogel)
R – Aldingen August 2007

Schwarzmilan
R – Poppenweiler April 2012

Ringeltaube

Größe: Größer als Haustaube, 38–43 cm *Merkmale:* Ringeltauben sind hell blaugrau, auf der Brust kräftig rosagrau. Beste Merkmale sind zwei weiße Flügelbinden auf den Flügeln sowie bei Altvögeln ein weißer Fleck auf den Halsseiten. Im Fluge ist der graue Schwanz mit der schwarzen Endbinde ein gutes Merkmal. *Stimme:* Balzrufe etwas unrhythmisch „gru–grúh–gu–grú–gu–gu". *Verhalten:* Beim Balzflug fliegt die Ringeltaube mit klatschenden Flügelschlägen nach oben und gleitet langsam nach unten. *Lebensraum:* Brütet im Wald oder in Gebüschgruppen. Nahrungssuche in offenem Gelände. Brutvogel auch in Wohngebieten. *Vorkommen:* In Deutschland weit verbreitet und sehr häufig. In unserem Raum regelmäßiger Brutvogel (LB 300–1000 Brutpaare). *Wanderungen:* Nordeuropäische Ringeltauben ziehen in großer Zahl nach West– und Südeuropa. Unsere Brutvögel ziehen kaum. *Nahrung:* Blätter, Samen, Früchte *Brut:* Baut schlampige, kleine Nester in Bäume und Büsche. Das Gelege besteht aus 2 Eiern.

Hohltaube

Größe: Kleiner als Ringeltaube, 28–32 cm *Merkmale:* Der Ringeltaube ähnlich, aber deutlich kleiner und ohne weiße Abzeichen. Der Hals mit einem grünglänzenden Fleck ist kürzer, der Kopf kleiner. Im Fluge sind die grauen Flügel kennzeichnend, die breit schwärzlich „eingerahmt" sind. *Stimme:* Monotoner zweisilbiger Balzgesang: „huh–hugg". *Verhalten:* Ähnlich Ringeltaube, fliegt aber hektischer mit schnelleren Flügelschlägen. *Lebensraum:* Wie Ringeltaube Wald und Wiesenflächen, auch in Parks. *Vorkommen:* Viel seltener als Ringeltaube, in den letzten Jahrzehnten sind aber Bestandszunahmen festzustellen. In unserem Raum regelmäßiger Brutvogel (LB 30–100 Brutpaare). *Wanderungen:* Fast alle Hohltauben verlassen Mitteleuropa im Herbst und kehren im März wieder zurück. Das Überwinterungsgebiet liegt in Südwest–Europa. *Nahrung:* Wie Ringeltaube. *Brut:* Brütet in Baumhöhlen oder Mauerspalten. Das Gelege besteht aus 2 Eiern.

Waldkauz

Größe: Kleiner als Mäusebussard, 37–43 cm *Merkmale:* Der Waldkauz, die häufigste einheimische Eulenart, ist an dem breiten, rundlichen Kopf ohne Federohren und den schwarzen Augen zu erkennen. Das Gefieder ist unterschiedlich grau oder rotbraun und kräftig dunkel gefleckt. Die Unterseite ist hell und dunkel gestrichelt. *Stimme:* Die Rufe des balzenden Waldkauzes entspricht dem Heulen, das man oft in Spielfilmen hören kann: „hu–úoh – huhu-huhúooh". Das Weibchen ruft oft kurz „guick". *Verhalten:* Schläft tagsüber in Höhlen oder gut versteckt. Jagt nur nachts. *Lebensraum:* Wälder aller Art. *Vorkommen:* In Deutschland weit verbreitet und häufig, aufgrund seiner rein nächtlichen Lebensweise leicht zu übersehen. In unserem Raum Brutvogel in allen größeren Wäldern (LB 100–300). *Wanderungen:* Jahresvogel *Nahrung:* Sehr variabel: kleine Säugetiere, Vögel, Amphibien, Regenwürmer und Insekten. *Brut:* Brütet in Baumhöhlen, Mauerlöchern und Nistkästen. Das Gelege besteht aus 3 bis 5 Eiern.

Uhu

Größe: Doppelt so groß wie Waldohreule (S. 44) 59–73 cm *Merkmale:* Diese gewaltige Eule ist aufgrund ihrer Größe und der meistens sichtbaren Federohren nicht zu verwechseln *Stimme:* Der tiefe, weit klingende Balzruf hat dem Uhu seinen wissenschaftlichen Namen Bubo eingebracht: „búooh". Er ist vor allem im Januar bis Anfang März zu hören. *Verhalten:* Sitzt tagsüber verdeckt auf Felsbändern von Steinbrüchen oder auf Bäumen. Der Uhu ist nacht– und manchmal dämmerungsaktiv. *Lebensraum:* Offene Landschaften in der Nähe geeigneter Brutfelsen in Steinbrüchen, oft in der Nähe von Flüssen. *Vorkommen:* In Deutschland aufgrund jahrzehntelanger Schutzmaßnahmen im Bestand gesichert, aber überall selten. In unserem Raum wenige, unregelmäßig besetzte Brutfelsen. *Wanderungen:* Jahresvogel *Nahrung:* Sehr variabel: Säugetiere von Mäusen bis Feldhasen, Vögel von Drosseln bis Reihern, aber auch Regenwürmer und Insekten. *Brut:* Brütet in Baumhorsten anderer Vögel, bei uns aber meistens auf Felsbändern. Das Gelege besteht aus 2 bis 4 Eiern.

Ringeltaube
R – Aldingen September 2012

Hohltaube
R – Aldingen September 2010

Waldkauz
R – Hochberg Mai 2002

Uhu
 – Garmisch-Partenkirchen März 2011

Kuckuck

Größe: Etwa wie Türkentaube (S. 42) 32–36 cm *Merkmale:* Der Kuckuck erinnert an eine kleine, spitzflügelige Taube, im Fluge auch an Sperber oder Falken. Der Kuckuck ist vorwiegend blaugrau gefärbt, die Unterseite ist eng quer gebändert. Ein Teil der Weibchen ist vorwiegend rotbraun gefärbt. *Stimme:* Der Balzruf des Kuckucks gehört zu den bekanntesten Vogelstimmen. Zwischen den „gugguhk"–Rufen oft fauchende Laute wie „uach–ach–ach–ach". Weibchen rufen „wik–wik–wik–wik". *Verhalten:* Sucht in unterschiedlichen Lebensräumen nach Nahrung und Wirtsnestern. *Lebensraum:* Die Balz und die Verpaarung kann im Wald, in Rieden oder Schilfgebieten stattfinden. *Vorkommen:* Der Kuckuck tritt in Deutschland fast überall einmal auf, die Zahlen sind aber niedriger als vor 30 Jahren. *Wanderungen:* Der Kuckuck zieht ab Juli–August ins tropische Afrika und kehrt im April wieder zurück. *Nahrung:* Insekten, oft haarige Schmetterlingsraupen. *Brut:* Der Kuckuck legt einzelne Eier in die Nester vieler Singvogelarten, die viel kleiner sind als er selbst.

Eichelhäher

Größe: Etwa wie Elster (S. 68) 32–35 cm *Merkmale:* Der bunte Eichelhäher ist leicht erkennbar. Im etwas unbeholfen aussehenden Flug fallen die kurzen, runden Flügel und der weiße Bürzel auf. *Stimme:* Typisch kreischender Ruf „krähsch". Der Eichelhäher äußert aber auch eine Fülle seltsamer Laute und imitiert andere Vögel (Mäusebussard). *Verhalten:* Sucht Nahrung auf Bäumen und am Boden. Im Spätsommer sind in lockeren Gruppen ziehende Eichelhäher oft auffällig. *Lebensraum:* Wälder, Parks und Gärten, oft auch in Wohngebieten. *Vorkommen:* In Deutschland überall verbreitet und sehr häufig. Auch in unserem Raum häufiger Brutvogel (LB 500 bis 2000 Brutpaare) und Durchzügler. *Wanderungen:* Jahresvogel. Viele Durchzügler kommen aus Skandinavien und Sibirien. *Nahrung:* Eicheln, Bucheckern, Haselnüsse sowie Insekten, Eier und Jungvögel. *Brut:* Baut seine Nester in Bäume und Büsche. Das Gelege besteht aus 4 bis 6 Eiern.

Schwarzspecht

Größe: Knapp krähengroß 40–46 cm *Merkmale:* Der Schwarzspecht ist aufgrund von Größe und Färbung leicht zu erkennen. Im Fluge kann man ihn für eine Krähe halten. *Stimme:* Der tiefe, lange Trommelwirbel ist unverkennbar. Zur Balzzeit ist ein „glück–glück–glück" zu hören. Im Flug, der an den Flug der Dohle (S. 68) erinnert, ruft der Schwarzspecht „kri–kri–kri–kri" und nach der Landung gedehnt „klieeeh". *Verhalten:* Der Schwarzspecht hält sich fast immer an alten Bäumen in Wäldern auf. Zur Zugzeit sind fliegende Schwarzspechte auch andernorts zu sehen. *Lebensraum:* Wälder mit alten Bäumen. *Vorkommen:* Der Schwarzspecht ist in Deutschland ein häufiger, weit verbreiteter Brutvogel. In unserem Raum regelmäßiger Brutvogel (LB 20 bis 40 Brutpaare) und Durchzügler. *Wanderungen:* Jahresvogel, Jungvögel streichen umher. *Nahrung:* Vorwiegend holzbewohnende Käfer und Ameisen *Brut:* Schlägt große Höhlen in Bäume. Das Gelege besteht aus 3 bis 5 Eiern.

Tannenhäher

Größe: Wie Eichelhäher 32–35 cm *Merkmale:* Vorwiegend schwärzlichbrauner, dicht weiß gepunkteter Häher. Bei fliegenden Tannenhähern fällt nicht nur der weiße Bürzel, sondern auch die weiße Endbinde des Schwanzes auf. *Stimme:* Meistens schweigsam. Im Sommer ist ein langgezogenes, harten Gurren „krrrrrrr" oft zu hören. *Verhalten:* Zur Brutzeit in dichten Wäldern, recht scheu. Erst nach dem Ausfliegen der Jungvögel öfter zu beobachten. *Lebensraum:* Nadelwälder und Mischwälder. *Vorkommen:* In Deutschland auf die nadelholzreichen Wälder der Alpen und der Mittelgebirge beschränkt, etwa des Schwarzwaldes, dort teilweise nicht selten. In unserem Raum sehr seltener, unregelmäßiger Durchzügler, vor allem im Spätsommer und im Herbst. *Wanderungen:* Jahresvogel. Die bei uns auftretenden Durchzügler kommen aus dem Westen Russlands. *Nahrung:* Samen und Nüsse, vereinzelt Insekten. *Brut:* Baut seine Nester in Nadelbäume. Das Gelege besteht aus 3 bis 4 Eiern.

Kuckuck
R – Aldingen September 2012

Schwarzspecht
– Sachalin Juni 2009

Eichelhäher
R – Ludwigsburg März 2011

Tannenhäher
– Sachsen März 2012

Waldlaubsänger

Größe: Etwa wie Fitis (S. 56) 11–12 cm **Merkmale:** Ähnlich wie Fitis, oberseits etwas dunkler grün, Kehle und Überaugenstreif kräftig hellgelb, Bauch leuchtend weiß. **Stimme:** Lockruf unauffällig „zik". Der Gesang des Waldschwirrvogels, wie er auch heißt, besteht aus zwei Elementen: nach einer Reihe gedehnter „tüüh–tüüh–tüüh" Rufe und einer kurzen Pause folgt ein etwas knatterndes Schwirren „zik–zik–zik–zwirrrrrrr". **Verhalten:** Sucht im Blätterdach von Laubbäumen fast pausenlos nach kleinen Beutetieren. **Lebensraum:** Vorwiegend lichte Laubwälder. **Vorkommen:** In Deutschland verbreiteter Brutvogel, dessen Bestände in den letzten Jahrzehnten stark abgenommen haben. In unserem Raum noch regelmäßiger Brutvogel (LB unter 200 Brutpaare). **Wanderungen:** Zieht im August –September ins tropische Afrika und kehrt im April wieder zurück. **Nahrung:** Insekten und Spinnen **Brut:** Baut Nester am Boden. Das Gelege besteht aus 4 bis 7 Eiern.

Wintergoldhähnchen

Größe: Winzig 9–10 cm **Merkmale:** Das sehr kleine Wintergoldhähnchen ist oberseits grün mit zwei weißen Flügelbinden, die Unterseite ist hell graubraun. Der Scheitel zeigt einen gelben (Weibchen) bis orangefarbenen (Männchen) Streifen, der schwarz eingefaßt ist. Im Bereich der Augen ist das Wintergoldhähnchen ungestreift. Jungvögel sind fast einfarbig grünlich. **Stimme:** Die Stimme sehr hoch „piepsig" und wispernd. Der Gesang besteht aus einem auf– und abschwellenden sehr hohen Triller. **Verhalten:** Bewegt sich an Bäumen sowohl in Stammnähe, aber auch in den äußersten Astspitzen. Rüttelt öfter. **Lebensraum:** Nadel– und Laubwald **Vorkommen:** In Deutschland weit verbreiteter, häufiger Brutvogel. In den letzten Jahrzehnten erhebliche Bestandsrückgänge. In unserem Raum regelmäßiger Brutvogel (LB 1000 Brutpaare). **Wanderungen:** Sie überwintern teilweise in Deutschland, ziehen aber auch in den Mittelmeerraum. **Nahrung:** Kleine Insekten wie Blattläuse, auch Spinnen in großer Zahl. **Brut:** Baut kugelförmige Nester in Nadelbäumen. Das Gelege mit 6 bis 10 Eiern.

Berglaubsänger

Größe: Wie Waldlaubsänger 11–12 cm **Merkmale:** Dem Waldlaubsänger recht ähnlich, aber blasser mit grünlichen Bereichen am Schwanz und auf dem Flügel. Der Kopf ist grau mit undeutlichem Überaugenstreif, die gesamte Unterseite ist weißlich grau. Der Bürzel ist, was man selten sieht, gelblich. **Stimme:** Ungewöhnlich, zweisilbiger Lockruf „ho–wied". Der Gesang ähnelt dem Endteil des Waldlaubsänger–Gesangs, wird aber nur kurz, sowie „lustlos und schlampig" vorgetragen. **Verhalten:** Sehr ähnlich Waldlaubsänger. **Lebensraum:** Ähnlich Waldlaubsänger, aber meistens sonnige Hänge mit einigen Nadelbäumen. **Vorkommen:** In Deutschland nur im Schwarzwald, auf der schwäbischen Alb und in den Alpen spärlicher Brutvogel. In unserem Raum früher Brutvogel, heute sehr seltener Durchzügler. **Wanderungen:** Berglaubsänger ziehen im August ins tropische Afrika und kehren im April wieder zurück. **Nahrung:** Insekten und Spinnen **Brut:** Baut Nester am Boden. Das Gelege besteht aus 3 bis 6 Eiern.

Sommergoldhähnchen

Größe: Winzig 9–10 cm **Merkmale:** Das Sommergoldhähnchen ist dem Wintergoldhähnchen sehr ähnlich, hat aber einen weißen Überaugenstreif und einen schwarzen Streifen durch das Auge. Die grünlichen Jungvögel ähneln mit dem hellen Überaugenstreif und den Flügelbinden manchen Laubsängern. **Stimme:** Die Rufe sind denen des Wintergoldhähnchens sehr ähnlich. Der Gesang ist kürzer und besteht nur aus einem anschwellenden Triller. **Verhalten:** Sehr ähnlich Wintergoldhähnchen **Lebensraum:** Nadel– und Laubwald, Parks und Friedhöfe **Vorkommen:** In Deutschland weit verbreiteter, häufiger Brutvogel. In den letzten Jahrzehnten erhebliche Bestandsrückgänge. In unserem Raum regelmäßiger Brutvogel (LB 1000 Brutpaare). **Wanderungen:** Sommergoldhähnchen ziehen zum großen Teil nach Südeuropa, überwintern teilweise aber auch in unseren Breiten. **Nahrung:** Kleine Insekten wie Blattläuse, auch Spinnen in großer Zahl. **Brut:** Baut kugelförmige Nester in Nadelbäumen. Das Gelege besteht aus 6 bis 10 Eiern.

Waldlaubsänger
🌍 – Polen Mai 2004

Berglaubsänger
🌍 – Oberstdorf Mai 2012

Wintergoldhähnchen
🌍 – Helgoland Oktober 2010

Sommergoldhähnchen
🌍 – Schleswig-Holstein September 2010

115

Haubenmeise

Größe: Etwa wie Blaumeise (S. 30) 10–12 cm
Merkmale: Oberseits braune, unterseits sand-
farbene Meise mit schwarzer Kehle und sehr
auffälligem Häubchen. Die weißen Wangen
und die Federn der Haube sind schwärzlich
gezeichnet. *Stimme:* Kennzeichnend „ssi–ssi–
ssi–sürrr". Der Gesang besteht aus ähnlichen
Elementen. *Verhalten:* Bei der Nahrungssuche
sehr oft in dichter Vegetation der Nadelbäume
versteckt. Daher häufiger zu hören als zu sehen.
Bei Gefahr und Erregung wird das Häubchen
oft angelegt. Besucht manchmal Futterstellen
am Waldrand. *Lebensraum:* Nadelwälder oder
Mischwälder mit hohem Anteil an Nadelbäumen *Vorkommen:* In Deutschland weit verbreiteter und vielfach häufiger Brutvogel. In
unserem Raum eher selten gewordener Brutvogel (LB 100 bis 300 Brutpaare). *Wanderungen:*
Jahresvogel. Im Winter gelegentlich abseits der
Brutgebiete. *Nahrung:* Im Sommer Insekten
und Spinnen, die in den Nadelbäumen leben.
Im Winter auch verschiedene Sämereien. *Brut:*
Baut Nester in Spechthöhlen, Nistkästen, aber
auch selbst erweiterten Löchern in Bäumen.
Das Gelege besteht aus 4 bis 8 Eiern.

Schwanzmeise

Größe: Kleiner als Blaumeise, 13–15 cm, wobei über die Hälfte auf den Schwanz entfällt.
Merkmale: Die unterseits weißgraue, oberseits
braune, winzige Meise mit den schwarzen Flügeln ist durch den im Vergleich zur Körpergröße
längsten Schwanz in unserer Vogelwelt unverkennbar. Der Kopf ist entweder rein weiß oder
durch einen dunklen Streifen dunkel. *Stimme:*
Der typische Ruf ist ein häufig wiederholtes
"zrr", der an ein menschliches Zungen-R erinnert, dazu kurze "zbik"-Rufe. *Verhalten:*
Schwanzmeisen sind immer sehr gesellig. Meistens brüten mehrere Paare zusammen im gleichen Gebiet. Dabei werden besonders intensiv
bettelnde Jungvögel offenbar auch von fremden
Altvögeln gefüttert. Auch das Jahr über sieht
man fast immer 5 bis 20 und mehr Schwanzmeisen zusammen. Schwanzmeisen halten sich

Tannenmeise

Größe: Etwas kleiner als Blaumeise 10–11 cm
Merkmale: Ähnelt oberflächlich einer kleinen,
sehr dunklen Kohlmeise. Die Unterseite ist
aber sandfarben, nicht gelb und der Rücken
viel dunkler. Ein weißer Fleck im Nacken ist
kennzeichnend. *Stimme:* Hoher schriller Ruf
„ziehp–töei". Der Gesang ist eine schnelle Rufreihe „titju–titju–titju". *Verhalten:* Bewegt sich
bei der Nahrungssuche sehr geschickt in den
äußersten Ästen der Bäume. *Lebensraum:* Nadelbäume oder Mischwälder mit hohem Anteil
an Nadelbäumen *Vorkommen:* In Deutschland
weit verbreiteter, sehr häufiger Brutvogel. In
unserem Raum recht häufig (LB über 1000 BP).
Wanderungen: Die einheimischen Tannenmeisen sind Jahresvögel. Tannenmeisen aus dem
nordosteuropäischen Raum treten bei uns aber
von Ende August bis Anfang Oktober in größerer Zahl als Durchzügler auf. Dabei erscheinen
sie in für sie ungewöhnlichen Lebensräumen,
in Gärten, Feldgehölzen oder gar Viehweiden.
Nahrung: Im Sommer Insekten und Spinnen,
im Winter Sämereien. Besucht regelmäßig Futterplätze. *Brut:* Baut Nester in Baumhöhlen,
Spechthöhlen und Nistkästen. Das Gelege besteht aus 6 bis 12 Eiern.

an Bäumen häufig an den äußersten Spitzen
dünner Äste auf. Dabei benützen sie den langen Schwanz als Balancierstange, wenn sie dort
nach kleinen Beutetieren suchen. *Lebensraum:*
Mischwälder, Laubwälder, Gärten und Parks.
Vorkommen: In Deutschland weit verbreitet,
aber nirgends sehr häufig. In unserem Raum
regelmäßiger Brutvogel (LB 100 bis 300 BP).
Wanderungen: Jahresvogel, Jungvögel streichen
nach der Brutzeit umher. Gelegentlich Invasionen aus Nordeuropa. *Nahrung:* Kleine Insekten
und Spinnen, ausnahmsweise an Futterstellen.
Brut: Schwanzmeisen bauen in hohe Büsche
und Bäume kunstvolle kugelige Nester, die mit
Federn ausgekleidet und mit Flechten bedeckt
sind. Sie sind sehr gut getarnt und schwer zu
finden sind. Das Gelege besteht aus 8 bis 12
Eiern.

Haubenmeise
– Enzklösterle April 2011

Tannenmeise
– Bad Tölz April 2004

Schwanzmeise
R – Ludwigsburg Februar 2011

Schwanzmeisennest
– Bayern März 2011

117

Pirol

Größe: Etwa amselgroß 22–25 cm **Merkmale:** Die goldgelben Männchen (Goldamsel) mit den schwarzen Flügeln sind unverkennbar. Die Weibchen sind mehr gelbgrün mit eher weißlicher, fein dunkel gestreifter Unterseite. Jungvögel sind oberseits mehr olivgrün als die Weibchen. **Stimme:** Der laut flötende Gesang hat dem Pirol auch den Namen Bülow eingebracht, „füohi–hoiuuh". Bei Erregung und als Alarmlaut ist ein an Eichelhäher erinnerndes Rätschen zu hören. **Verhalten:** Zur Brutzeit scheu und zurückhaltend, meistens im Blätterdach der Bäume verborgen. Schwer zu beobachten. **Lebensraum:** Vorwiegend offene, lichte Laubwälder mit alten Bäumen, Parks und alte Gärten. **Vorkommen:** In Deutschland weit verbreitet, aber meistens nicht sehr häufig. In unserem Raum vor allem Brutvogel in den flußnahen Laubwäldern (LB 50 bis 100 Brutpaare). **Wanderungen:** Pirole ziehen im August–September ins tropische Afrika und kehren etwa Anfang Mai wieder zurück. **Nahrung:** Größere Insekten, Schmetterlingsraupen, im Spätsommer auch Früchte und Beeren. **Brut:** Die Napfnester der Pirole werden kunstvoll in Astgabeln geflochten. Das Gelege besteht aus 2 bis 4 Eiern.

Erlenzeisig

Größe: Viel kleiner als Grünfink (S. 28) 11–13 cm **Merkmale:** Dieser kleine Fink ist vorherrschend dunkelgrün gefärbt, Brust, Wangen, Flügelbinden und Bürzel sind hellgelb, Scheitel und Kinn schwarz. Weibchen und Jungvögel sind viel blasser und grauer, sie erinnern etwas an einen kleinen Grünfink. **Stimme:** Ruft hoch, schrill und weit hallend „tüiieh". Der zwitschernde Gesang ist unauffällig „plaudernd", am Ende oft mit einem harten Triller. **Verhalten:** Zur Brutzeit zurückhaltend und unauffällig. Ziehende Erlenzeisige sind ruffreudig. Sie bilden oft Schwärme, die sehr auffallen. **Lebensraum:** Nadel– und Mischwälder mit einem hohen Anteil an Fichten sind bevorzugte Brutreviere. Im Winterhalbjahr häufig in Gärten, Rieden und Mooren mit Birken, Erlen und Weiden. **Vorkommen:** Als Brutvogel in Deutschland weit verbreitet. Durchzügler und Wintergast in stark wechselnden Zahlen. In unserem Raum nur ausnahmsweise Brutvogel, aber in manchen Jahren häufiger Wintergast. **Wanderungen:** Die Zahl der Wintergäste bei uns hängt vom Bruterfolg der im Nordosten Europas brütenden Bestände und vom Nahrungsangebot dort und hier ab. **Nahrung:** Samen von Fichten, Birken und Erlen, im Sommer auch Insekten. **Brut:** Baut Nester in Fichten und andere Bäume. Das Gelege besteht aus 4 bis 5 Eiern.

Fichtenkreuzschnabel

Größe: Größer als Buchfink (S. 28) 15–17 cm **Merkmale:** Bei den Kreuzschnäbeln überkreuzen sich die Spitzen des Schnabels. Die Männchen dieser untersetzten Finkenart sind an Kopf, Rücken und Unterseite kräftig ziegelrot gefärbt. Flügel und Schwanz sind dunkelbraun. Die Weibchen sind grau– bis gelbgrün statt rot. Jungvögel sind blasser gefärbt und deutlich gestrichelt. Durch den großen Kopf und den kurzen Schwanz erinnern die Kreuzschnäbel an Papageien. **Stimme:** Typische Rufreihen: „kip–kip–kip" oder „klip–klip–klip". Der schnelle, ratternde Gesang wurde schon mit Maschinengewehr–Geräuschen verglichen. **Verhalten:** Fliegen meistens in kleinen Gruppen von einer Fichte zur anderen. Dort zerlegen sie die Fichtenzapfen, um an die Samen zu gelangen. Dabei klettern sie wie kleine Papageien um die Zweige. **Lebensraum:** Nadelwälder mit hohem Fichtenanteil. **Vorkommen:** In Deutschland weit verbreitet, der Bestand wechselt mit dem Nahrungsangebot. In unserem Raum nur ausnahmsweise Brutvogel sowie seltener und unregelmäßiger Durchzügler, am ehesten in den Wintermonaten. **Wanderungen:** Invasionen und Wanderungen erfolgen im Zusammenhang mit dem Angebot an Fichtensamen. **Nahrung:** Vorwiegend Fichtensamen, aber auch Triebe, Knospen und Samen anderer Bäume. **Brut:** Baut Nester in Nadelbäume. Brütet manchmal schon ab Januar. Das Gelege besteht aus 3 bis 6 Eiern.

Pirol
🌐 – Kuwait April 2007

Erlenzeisig
🌐 – Helgoland Oktober 2006

Fichtenkreuzschnabel
🌐 – Bayern März 2010

Fichtenkreuzschnabel
🌐 – Helgoland Juni 2009

Vögel der Gewässer

Die größte Vielfalt an Vogelarten ist im Laufe eines Jahres auf unseren Gewässern zu erwarten, weil viele oft seltene Zugvögel bei uns für einen Tag oder für einige Wochen Rast machen.

Stockente

Größe: 50–60 cm *Merkmale:* Der Vorfahr unserer Hausenten ist die häufigste einheimische Ente. Das Männchen ist an dem bunten Gefieder und den aufgebogenen Schwanzfedern leicht erkennbar. Die Weibchen sehen anderen Enten–Weibchen sehr ähnlich, sind aber an der Größe, dem blauen Spiegel und den weißen Schwanzkanten meistens gut erkennbar. Vom Sommer an sehen die Männchen sehr ähnlich aus, sind aber an der dunklen Kopfkappe und dem gelben Schnabel zu erkennen. Die Eltern mancher Enten stammen wenigstens teilweise aus Gefangenschaft. Solche Mischlinge können von rein weiß bis ganz schwarz viele Übergänge aufweisen. In aller Regel weist die Größe und die Figur darauf hin, daß es sich nicht – wie Laien oft meinen – um eine besonders seltene Entenart handelt. *Stimme:* Typisches Quaken: „rääb–rääb–rääb". Pfeifender Balzruf „fiuh". *Verhalten:* Typische Gründelente: „Köpfchen in das Wasser, Schwänzchen in die Höh". *Lebensraum:* Gewässer aller Art. *Vorkommen:* Auf nahezu allen Gewässern in Deutschland regelmäßiger Brutvogel. In unserem Raum Brutvogel und Wintergast (LB 100–300 Brutpaare). *Wanderungen:* Jahresvogel, aber im Winterhalbjahr Zuzug aus Nordosteuropa. *Nahrung:* Pflanzen am Gewässerrand, Insektenlarven, Kaulquappen *Brut:* Baut Nester am Ufer der Gewässer. Das Gelege besteht aus 6 bis 12 Eiern.

Krickente

Größe: Fast nur halb so groß wie Stockente 34–38 cm *Merkmale:* Diese kleinste Gründelente (Halbente) ist schon aufgrund der Größe nur mit der Knäkente zu verwechseln. Die männliche Krickente ist im Frühjahr leicht an dem rot–grünen Kopf sowie dem gelben Heck erkennbar. Bei fliegenden Männchen und Weibchen ist der grüne Spiegel ein gutes Merkmal. Auf kurze Entfernung sind bei den Weibchen (Männchen im Sommer) der zierliche Schnabel und die etwas steilere Stirn gute Unterscheidungsmerkmale im Vergleich zur Knäkente. *Stimme:* Unverkennbarer Ruf: wiederholt „krrik" oder „krrük". *Verhalten:* Aufgrund der geringen Größe kann die Krickente besonders schnell und steil auffliegen. *Lebensraum:* Seen und Teiche, im Winter oft auf Flüssen. *Vorkommen:* In Deutschland als Brutvogel verbreitet, aber vor allem im Süden recht selten. Häufiger Wintergast aus Nordosteuropa. In unserem Raum alljährlicher Wintergast, z.B. Altneckar bei Pleidelsheim. *Wanderungen:* Die meisten Wintergäste in Deutschland kommen aus Skandinavien und Russland. *Nahrung:* Pflanzenmaterial, Sämereien, Schnecken und Wirbellose. *Brut:* Baut Nester in dichter Vegetation von Gewässern. Das Gelege besteht aus 8 bis 11 Eiern.

Knäkente

Größe: Kaum größer als Krickente 37–41 cm *Merkmale:* Kopf und Brust der männlichen Knäkente sind schokoladenbraun mit leuchtend weißem Überaugenstreif. Ansonsten ist der Vogel fein weiß und grau gebändert. Auch im Fluge ist das Männchen an dem olivgrünen Spiegel und besonders an den hell blaugrauen Flügeldecken zu erkennen. Die weibliche Knäkente sowie die Männchen im Sommer sind am ehesten an einem weißen Fleck neben der Schnabelbasis, dem im Vergleich zur Krickente eher kräftigen Schnabel, der flacheren Stirn und der etwas graueren Gesamtfärbung zu erkennen. *Stimme:* Ein seltsam hölzerner Ruf, etwa wie „glirrb" ist im Frühjahr häufig vom Männchen zu hören. *Verhalten:* Hält sich zum Gründeln gern an Ufern mit reichlich Vegetation auf. *Lebensraum:* Bevorzugt zur Brutzeit flache Seen mit schwimmender Vegetation. Auf dem Zug auch auf Flüssen. *Vorkommen:* In Deutschland als Brutvogel eher lokal verbreitet und nirgends häufig. In unserem Raum Durchzügler in geringer Zahl, vor allem im März–April und August–September. *Wanderungen:* Zieht als einzige Entenart im Herbst ins tropische Afrika und kehrt ab März zurück. *Nahrung:* Schnecken, Wirbellose und Wasserpflanzen. *Brut:* Baut Nester gut versteckt in der Ufervegetation. Das Gelege besteht aus 6–11 Eiern.

Stockente (♂) **R** – Aldingen November 2010

Stockente (♀) **R** – Aldingen November 2010

Krickente (♂) **R** – Max-Eyth-See November 1987

Krickente (♀) **R** – Zugwiesen August 2012

Knäkente (♂) **R** – Aldingen April 2012

Knäkente (♀) **R** – Aldingen April 2012

Pfeifente

Größe: Kleiner als Stockente, 45–50 cm **Merkmale:** Männchen mit rotbraunem Kopf, blaßgelber Stirn und bläulichem Schnabel. Weibchen und Jungvögel dunkler und bräunlicher. Pfeifenten haben einen auffällig weißen Bauch. *Stimme:* Melodischer Pfiff „wijuh". *Verhalten:* Gründelente, die ihre Nahrung einerseits auf der Wasseroberfläche sucht, die aber ähnlich wie Gänse auch auf Wiesen Gras abweidet. *Lebensraum:* Die hochnordischen Gäste in Mitteleuropa überwintern an der Küste sowie auf Seen und Flüssen; mehr als andere Enten halten sie sich auf Wiesen und Weiden auf. *Vorkommen:* Bei uns alljährlicher Durchzügler und Wintergast zwischen September und April, selten 10 oder mehr. Im Winter eher selten. *Wanderungen:* Die Pfeifente brütet im Norden von Island bis Japan und zieht im Winter nach Süden bis in den Mittelmeerraum. Unregelmäßiger Brutvogel in Deutschland. *Nahrung:* Vorwiegend Algen, andere Wasserpflanzen sowie Gräser. *Brut:* Die Nester am Ufer enthalten 7 bis 9 Eiern.

Spießente

Größe: Etwas kleiner als Stockente, 50–66 cm (ohne Schwanzspieß) **Merkmale:** Das hellgraue Männchen ist an dem schokoladebraunen Kopf mit dem weißen Band am Hinterkopf zu erkennen. Das Heck ist schwarz mit einem goldgelben Bereich davor. Die Schwanzspieße sind oft schlecht erkennbar. Die Weibchen sind am besten an dem langen, dünnen Hals und dem zugespitzten Schwanz zu bestimmen. *Stimme:* Unauffällig „krrü" *Verhalten:* Sucht als Gründelente die Nahrung auf der Wasseroberfläche oder knapp darunter. *Lebensraum:* Flache Seen mit viel Vegetation, im Winter auch auf Flüssen, Stauseen und an der Küste. *Vorkommen:* Seltenste Gründelente, Durchzügler im März–April, seltener im September–Oktober, meist nur Einzelvögel. *Wanderungen:* Die Spießente brütet von Island bis Japan im hohen Norden, sehr selten einmal in Deutschland. Im Winter ziehen sie bis ans Mittelmeer. *Nahrung:* Wasserpflanzen, Insektenlarven und Schnecken *Brut:* Nester im Uferbewuchs mit 7 bis 11 Eiern.

Schnatterente

Größe: Etwas kleiner als Stockente, 46–56 cm *Merkmale:* Das Männchen ist unauffällig gefärbt, auf graubraunem Grund fein schwärzlich gewellt. Das Heck und der Schnabel sind schwarz. Im Fluge mit weißem Spiegel. Weibchen ähnlich Stockente aber kleiner, erkennbar am weißen Bauch und dem weißen Feld auf dem Flügel. *Stimme:* Unauffällig „ärp" sowie hoch „pfie". *Verhalten:* Als Gründelente sucht die Schnatterente die Nahrung auf der Wasseroberfläche oder knapp darunter. *Lebensraum:* Flache teilweise mit Wasserpflanzen bewachsene Seen. *Vorkommen:* In Deutschland weit verbreiteter, seltener und im Bestand gefährdeter Brutvogel. In unserem Raum alljährlicher Durchzügler, am ehesten im März–April und im Oktober–November, vereinzelt Überwinterer, selten mehr als 4. *Wanderungen:* Die Brutvögel Mittel– und Osteuropas ziehen im Winter nach Süden bis ans Mittelmeer. *Nahrung:* Wasserpflanzen, Insektenlarven und kleine Schnecken. *Brut:* Nester zwischen Uferpflanzen mit 8 bis 12 Eiern.

Löffelente

Größe: Kleiner als Stockente, 44–52 cm **Merkmale:** Männchen mit blaugrünem Kopf, weißer Brust und kastanienbrauner Unterseite. Weibchen ähnlich Stockente, aber kleiner und mit großem Löffelschnabel. *Stimme:* Unauffälliges Quaken. *Verhalten:* Sammelt Kleinlebewesen (Plankton) aus dem Schlamm und den obersten Schichten der Gewässer. *Lebensraum:* Die Löffelente bevorzugt ganz flache, üppig mit Wasserpflanzen bestandene, oft schlammige Seen, zur Zugzeit auch auf Stauseen und Flüssen. *Vorkommen:* In Deutschland seltener, im Bestand gefährdeter Brutvogel. In unserem Raum regelmäßiger Durchzügler in geringer Zahl, vorwiegend im März–April, meist paarweise, vereinzelt von August bis Dezember. *Wanderungen:* Brütet von Europa bis Japan. Im Winter ziehen Löffelenten bis ans Mittelmeer, teilweise bis ins tropische Afrika. *Nahrung:* Plankton, tierische und pflanzliche Kleinlebewesen. *Brut:* Nester in üppiger Ufervegetation mit etwa 8 bis 12 hellbräunlichen Eier.

Pfeifente (♂)
R – Aldingen März 2011

Schnatterente (♂)
R – Zugwiesen September 2012

Spießente (♂)
R – Aldingen Dezember 2011

Löffelente (♂)
R – Zugwiesen August 2012

Mandarinente

Größe: Kleiner als Stockente 41–49 cm *Merkmale:* Das bunte Männchen ist durch die goldfarbenen „Segel" unverkennbar. Das Weibchen ist unscheinbar hell gepunktet und fällt durch einen weißen Augenring auf, der zum Hinterkopf in einen weißen Strich ausläuft. *Stimme:* Meist stumm. *Verhalten:* Sucht wie eine Gründelente Nahrung auf der Wasseroberfläche. *Lebensraum:* Gewässer mit altem Baumbestand. *Vorkommen:* Freifliegende Parkvögel dieser aus Ostasien stammenden Entenart haben sich in unserem Raum wie in manchen Teilen Europas dauerhaft angesiedelt. Solche eingeführte Arten nennt man Neozoen. Die vor Jahrzehnten eingeführte Art brütet nur in wenigen Paaren im Gebiet. *Wanderungen:* Jahresvogel *Nahrung:* Insekten von der Wasseroberfläche sowie Weichtiere aus dem Schlamm der Gewässer. *Brut:* Baut Nester in Höhlen alter Bäume, oft in beträchtlicher Höhe. Die Jungvögel, Nestflüchter, überstehen den Sprung aus der Höhle meistens unbeschadet. Das Gelege besteht aus 7 bis 11 weißlichen Eiern.

Brautente

Größe: Wenig größer als Mandarinente, 43–51 cm *Merkmale:* Auch bei dieser mit der Mandarinente nah verwandten Art ist das Männchen unverkennbar bunt. Das Weibchen ähnelt der weiblichen Mandarinente, hat aber einen breiteren Augenring und eine schwarze, nicht weiße Schnabelspitze (*Nagel*). *Stimme:* Meist stumm *Verhalten:* Sehr ähnlich Mandarinente. *Lebensraum:* Seen mit altem Baumbestand. *Vorkommen:* Freifliegende Parkvögel dieser aus Nordamerika stammenden Entenart sind in Deutschland die Ausnahme. *Wanderungen:* Jahresvogel *Nahrung:* Insekten von der Wasseroberfläche sowie Weichtiere aus dem Schlamm der Gewässer. *Brut:* Baut Nester in Höhlen alter Bäume, oft in beträchtlicher Höhe. Die Jungvögel, Nestflüchter, überstehen den Sprung aus der Höhle meistens unbeschadet. Das Gelege besteht aus 5 bis 7 weißlichen Eiern.

Tafelente

Größe: Kleiner als Stockente, 42–49 cm *Merkmale:* Das Männchen der Tafelente ist vorwiegend grau gefärbt, der Kopf ist rotbraun, die Brust schwarz, der Schnabel bläulich. Das Weibchen und die Jungvögel sind einfarbiger grau oder bräunlich. *Stimme:* Tief schnurrend. *Verhalten:* Tauchenten wie die Tafelente tauchen zur Nahrungsaufnahme bis zum Grund des Gewässers. Sie sind daher schwerer, liegen tiefer im Wasser und fliegen erst nach längerem Anlauf. Taucht zur Nahrungssuche eine Minute und länger. *Lebensraum:* Bevorzugt auf Flüssen und tieferen Seen. *Vorkommen:* In Deutschland regelmäßiger Brutvogel in geringer Zahl. Im Winterhalbjahr nordische Überwinterer lokal zu tausenden. Von Ende Oktober bis Anfang April alljährlicher Wintergast, in unserem Raum bis über 100. *Wanderungen:* Die Brutvögel Nordeuropas und Asiens ziehen bis ins Mittelmeer. *Nahrung:* Würmer, Schnecken und Muscheln, auch Pflanzen. *Brut:* Baut Nester in die Ufervegetation flacher Gewässer. Das Gelege besteht aus 6–10 Eiern.

Moorente

Größe: Kleiner als Tafelente, 38–42 cm *Merkmale:* Vorwiegend kastanienbraune Tauchente mit schwarzem Rücken, auffallend strahlend weißem Unterschwanz und oft leuchtend weißer Iris. Das Weibchen und Jungvögel sind etwas blasser. Im Fluge ist ein leuchtend weißer Flügelstreif erkennbar. *Stimme:* Schnarrende Rufe, ähnlich Tafel– und Reiherente. *Verhalten:* Taucht seltener als die anderen Tauchenten. *Lebensraum:* Bevorzugt Gewässer mit Schwimmpflanzen. *Vorkommen:* Extrem seltener Brutvogel in Deutschland, unter 10 Paare. *Wanderungen:* Die Brutvögel Osteuropas tauchen alljährlich in geringer Zahl in Mitteleuropa auf, vereinzelt auch in unserem Raum. *Nahrung:* Würmer, Schnecken und Muscheln, aber auch pflanzliche Nahrung. *Brut:* Baut Nester in dichtem Ufergestrüpp nahrungsreicher Seen. Das Gelege besteht aus 7 bis 11 Eiern.

Mandarinente
R – Stuttgart Mai 1965

Brautente
🌐 – Azoren Juli 2012

Tafelente
R – Poppenweiler Dezember 2010

Moorente
🌐 – Osnabrück Mai 2002

127

Reiherente

Größe: Geringfügig kleiner als Tafelente 40–47 cm *Merkmale:* Männchen vowiegend schwarz mit weißem Bauch, deutlichen Reiherfedern am Hinterkopf und leuchtend gelbem Auge. Weibchen und Jungvögel sind bräunlicher, sehr oft mit angedeutetem Schopf. Bei fliegenden Reiherenten ist ein weißer Flügelstreif auffällig. Manchmal mit etwas Weiß am Schnabel wie Bergente oder weißlichem Unterschwanz ähnlich Moorente. *Stimme:* Schnarrend, ähnlich Tafelente, aber höher. *Verhalten:* Sucht vorwiegend tauchenderweise nach Nahrung. *Lebensraum:* Gewässer aller Art, Flüsse, Stauseen oder Teiche. *Vorkommen:* Als Brutvogel in Deutschland lückenhaft verbreitet, aber sehr häufiger Wintergast, in unserem Gebiet bis über 100. *Wanderungen:* Wintergast von Ende Oktober bis Anfang April. *Nahrung:* Würmer, Schnecken und Muscheln, die von den tauchenden Enten vom Boden der Gewässer geholt werden. *Brut:* Baut Nester in der Ufervegetation von Seen. Das Gelege besteht aus 6 bis 10 Eiern.

Bergente

Größe: Erkennbar größer als Reiherente 42–51 cm *Merkmale:* Männchen erinnern an Reiherente, sind aber an dem grauen Rücken und dem fehlenden Schopf gut erkennbar. Weibchen sind nicht immer leicht von Reiherenten zu unterscheiden, am ehesten durch den weißen Ring um die Schnabelbasis, dem gänzlich fehlenden Schopf und der etwas helleren Gesamtfärbung. *Stimme:* Im Winterquartier meist stumm. *Verhalten:* Ähnlich Reiherente, oft mit dieser in Trupps. *Lebensraum:* Brütet in Skandinavien und in Sibirien auf Waldseen, im Winter an der Küste, auf Flüssen und großen Seen *Vorkommen:* Zahlreicher Wintergast an der Ostsee, bei uns selten, meistens nur Einzelvögel *Wanderungen:* Hochnordischer Wintergast von Oktober bis März *Nahrung:* Fast ausschließlich Muscheln und Schnecken.

Kolbenente

Größe: Deutlich größer als Tafelente 53–57 cm *Merkmale:* Männchen sind der Tafelente entfernt ähnlich, aber der leuchtend orangerote Kopf, der rote Schnabel und der weiße Bauch sind unverkennbar. Die Weibchen sind braun mit dunklem Oberkopf, grauen Wangen und schwärzlichen Schnäbeln. Im Fluge ist der weiße Flügelstreif sehr auffällig. *Stimme:* Abseits der Brutplätze schweigsam. *Verhalten:* Taucht und gründelt zur Nahrungssuche. *Lebensraum:* Bevorzugt Seen mit reicher, auch schwimmender Vegetation und breiten Schilfrändern. *Vorkommen:* In Deutschland lokaler Brutvogel, teilweise zunehmend. In unserem Raum sehr seltener Gast. *Wanderungen:* Überwintert teilweise im Mittelmeergebiet, in geringer Zahl am Bodensee. *Nahrung:* Vorwiegend Wasserpflanzen, so etwa die Armleuchteralge. *Brut:* Baut Nester in die Ufervegetation flacher Seen. Das Gelege besteht aus 8 bis 10 Eiern.

Eiderente

Größe: Sehr große, kräftige Ente 60–70 cm *Merkmale:* Die in Süddeutschland gelegentlich erscheinenden Eiderenten sind fast immer hellbraun mit enger dunkler Bänderung. Diese sehr große Entenart ist immer daran erkennbar, daß der keilförmige Schnabel und die flache Stirn eine einheitliche gerade Linie bilden. Die viel seltener im Binnenland auftauchenden alten Männchen sind durch die weiße Brust, den weißen Rücken sowie durch grünliche Felder am Hals unverkennbar. *Stimme:* Im Winterquartier stumm. *Verhalten:* Taucht sehr tief, um Muscheln zu erbeuten. *Lebensraum:* Brütet an Küsten, in Deutschland an Nord– und Ostsee. *Vorkommen:* Im Binnenland alljährlicher, sehr seltener Wintergast, Ausnahmegast in unserem Raum. *Wanderungen:* Die Brutvögel Nordeuropas ziehen im Winter an die Küsten von Nord– und Ostsee. *Nahrung:* Weichtiere, vorwiegend Muscheln. *Brut:* Baut an der Küste Nester aus Muschelschalen und Steinchen. Das Gelege besteht aus 4 bis 6 Eiern.

Reiherente
R – Poppenweiler März 2012

Bergente
R – Poppenweiler März 2012

Kolbenente
R – Poppenweiler Februar 2012

Eiderente
🌍 – Island Juni 1999

129

Schellente

Größe: Mittelgroße Tauchente 40–46 cm *Merkmale:* Männchen vorwiegend weiß mit dunklem, grünschillerndem Kopf und weißem Fleck an der Schnabelbasis. Weibchen vorwiegend graubraun. Bei fliegenden Schellenten sind weiße Teile des inneren Flügels, der Armschwinge, recht auffällig. *Stimme:* Im Frühjahr balzen die Schellenten im Winterquartier mit näselnd schnarchendem „giguirtsch", auch schnarrende Rufe. *Verhalten:* Sucht vorwiegend tauchenderweise nach Nahrung. *Lebensraum:* Vorwiegend Flüsse und tiefere Gewässer *Vorkommen:* Als Brutvogel in Deutschland weitestgehend auf den Norden beschränkt. Verbreiteter Wintergast, aber viel seltener als Tafel– und Reiherente, in unserem Gebiet selten mehr als 4. *Wanderungen:* Wintergast aus dem Norden von Ende Oktober bis Ende März. *Nahrung:* Würmer, Schnecken und Muscheln, die von den Enten tauchend erbeutet werden. *Brut:* Baut Nester in Baumhöhlen und Nistkästen. Das Gelege besteht aus 7 bis 10 Eiern.

Samtente

Größe: Etwa so groß wie Stockente 51–58 cm *Merkmale:* Das Männchen ist fast komplett schwarz mit gelbem Schnabel und einem weißen Fleck unter dem Auge. Jungvögel und Weibchen mit zwei variablen weißen Flecken an den Kopfseiten. Immer kennzeichnend sind die weißen Armschwingen, der innere Teil des Flügels. Diese weißen Armschwingen sind auch immer zu sehen, wenn Samtenten mit leicht geöffneten Flügeln tauchen. *Stimme:* Im Winterquartier schweigsam *Verhalten:* Taucht tief und ausdauernd. *Lebensraum:* Brütet im hohen Norden an Küsten- und Waldseen *Vorkommen:* In Deutschland Wintergast an den Küsten von Nord- und Ostsee. Im Binnenland alljährlicher seltener Gast. In unserem Raum sehr selten. *Wanderungen:* Überwintert an Küsten, am Bodensee gelegentlich bis über 10. *Nahrung:* Vorwiegend Muscheln und Krebse, die tauchend erbeutet werden *Brut:* Baut Nester an der Küste und an Seen.

Eisente

Größe: Sehr kleine, im Winterquartier unscheinbare Ente 39–47 cm *Merkmale:* Männchen immer mit extrem langem Schwanzspieß und das Jahr über mit stark wechselnden weißen Gefiederanteilen, Rücken und Brust teilweise braun. Weibchen und Jungvögel sind unscheinbar graubraun mit hellen Bäuchen und einfarbig schwarzen Flügeln. *Stimme:* Gelegentlich schon im Winter jodelnd–jaulende Balzrufe. In Nordamerika heißt sie daher „Oldsquaw". *Verhalten:* Taucht sehr tief auch bei starker Strömung. *Lebensraum:* Brütet im äußersten Norden Skandinaviens und in Sibirien auf Waldseen. Im Winter an der Küste, vor allem an der Ostsee, auf Flüssen und großen Seen *Vorkommen:* Sehr seltener Wintergast in Süddeutschland, meistens nur Einzelvögel, so auch in unserem Raum. *Wanderungen:* Hochnordischer Wintergast von November bis April *Nahrung:* Fast ausschließlich Muscheln und Schnecken.

Trauerente

Größe: Ähnlich Samtente, aber kleiner 44–54 cm *Merkmale:* Das Männchen ist einfarbig tief schwarz mit einem gelben Fleck auf dem Oberschnabel. Weibchen und Jungvögel sind rußbraun mit hellgrauen Seiten von Kopf und Hals. *Stimme:* Im Winterquartier meistens stumm, gelegentlich pfeifende und knarrende Lautäußerungen. *Verhalten:* Taucht sehr tief, um Muscheln zu erbeuten. *Lebensraum:* Brütet an Seen und Flüssen des hohen Nordens. *Vorkommen:* Überwintert an den Küsten von Nord– und Ostsee, in großer Zahl aber auf dem offenen Meer. Im Binnenland wohl alljährlicher, aber extrem seltener Durchzügler und Wintergast (4 Nachweise in LB). *Wanderungen:* Die Brutvögel Nordeuropas erscheinen schon im August an der Nordsee, im Binnenland von November bis April. *Nahrung:* Weichtiere, vorwiegend Muscheln. *Brut:* Baut Nester an der Küste und an Seen.

Schellente
– Heidelberg Februar 2012

Eisente
– Alaska Juni 2008

Samtente
R – Deizisau November 1971

Trauerente
R – Hochberg Dezember 2011

Brandgans (Brandente)

Größe: Größer als Stockente 55–65 cm *Merkmale:* Mit vielen Merkmalen steht diese Vogelart zwischen Enten und Gänsen. Aufgrund der auffälligen Färbung ist die Art unverkennbar. Das Männchen hat einen auffälligen roten Schnabelhöcker. *Stimme:* Am Brutplatz zischende, pfeifende und gackernde Rufe *Verhalten:* Sucht ähnlich wie Gründelenten vorwiegend am Ufer der Küste und an flachen Ufern von Seen und Flüssen nach Nahrung. *Lebensraum:* Küstengewässer, größere Flüsse und Seen. *Vorkommen:* In Deutschland verbreiteter Brutvogel an der Küste von Nord– und Ostsee. Im Winter regelmäßiger Gast auf großen Seen. In Süddeutschland selten über 20, in unserem Raum nicht jedes Jahr. *Wanderungen:* Die meisten Brandgänse überwintern auch an der Küste und weichen bei tieferen Temperaturen nach Süden aus. *Nahrung:* Würmer, Schnecken und Muscheln, aber auch pflanzliche Kost. *Brut:* Baut Nester in Erdhöhlen, oft Kaninchenbauten. Das Gelege besteht aus 8 bis 10 Eiern.

Saatgans

Größe: Ähnlich Graugans 69–88 cm *Merkmale:* Größe und Figur ähnlich wie Graugans. Färbung aber viel dunkler, vor allem am Kopf, auf dem Rücken und auf den Flügeln. Der Schnabel ist vorwiegend schwärzlich, meistens nur mit einer schmalen orangefarbenen Binde nahe der Schnabelspitze. *Stimme:* Ähnlich Graugans, aber eher zweisilbig „ang–ang" und etwas tiefer. *Verhalten:* Weidet wie die Graugans auf großen Wiesenflächen. *Lebensraum:* Bevorzugt als Brutplatz im hohen Norden Moore in Tundra und Taiga. *Vorkommen:* In Deutschland Wintergast im Norden (tausende) sowie im Süden (selten über 100). In unserem Raum Gast und Durchzügler, meistens nur Einzelvögel. *Wanderungen:* Die Gänse Skandinaviens und Sibiriens überwintern in großer Zahl in Norddeutschland und besonders in den Niederlanden von Oktober bis März. *Nahrung:* Vorwiegend pflanzliche Kost auf Wiesenflächen. *Brut:* Baut Nester in die Ufervegetation flacher Seen. Das Gelege besteht aus 4 bis 6 Eiern.

Graugans

Größe: Urform der Hausgans, 74–88 cm *Merkmale:* Vorwiegend bräunlich graues Gefieder mit heller Bänderung auf dem Rücken. Die Beine sind rosa bis orange wie der Schnabel, dessen Spitze weiß ist (*Nagel*). Im Fluge sind die Flügel hellgrau und auf dem Schwanz sind weiße Bänder erkennbar. *Stimme:* Die Stimme entspricht dem „ga–ga–ga", das von den Hausgänsen her bekannt ist. *Verhalten:* Graugänse weiden vorwiegend auf Wiesen und Weiden, in unserem Raum auch Stadtparks. Das ganze Jahr über außer zur Brutzeit bilden sie größere Gemeinschaften. *Lebensraum:* Feuchtgebiete mit größeren Wiesenflächen von der Küste bis ins Binnenland. *Vorkommen:* Ursprünglich nur in Nord– und Nordostdeutschland Brutvogel. Die Brutvögel unseres Raumes gehen auf Aussetzungen zurück. *Wanderungen:* Nordische Wildvögel ziehen bis ins Mittelmeer. Unsere Parkgänse ziehen nicht. *Nahrung:* Vorwiegend pflanzliche Kost auf Wiesenflächen. *Brut:* Unsere Graugänse brüten an Seen und Flüssen aller Art. Das Gelege besteht aus 4 bis 6 hellen Eiern.

Bläßgans

Größe: Kleiner als Grau– und Saatgans 64–78 cm *Merkmale:* Ähnlich den oben beschriebenen Gänsen, aber etwas kleiner. Altvögel mit einer weißen „Bläße" auf der Stirn und mit schwarzen Streifen auf dem Bauch. Der Schnabel der Altvögel ist orange mit weißer Spitze. Jungvögel sind notdürftig an dem orangefarbenen Schnabel mit schwarzer Spitze und der geringeren Größe zu erkennen. *Stimme:* Ziehende Bläßgans–Trupps rufen typisch hoch lachend „quick–wick". *Verhalten:* Weidet wie die anderen Gänse auf großen Wiesenflächen. *Lebensraum:* Brütet in der Tundra Sibiriens. *Vorkommen:* Etwa 100.000 Bläßgänse überwintern in den Niederlanden, wesentlich weniger in Norddeutschland. Im Binnenland sehr selten, aber seit einigen Jahren zunehmend. In unserem Raum sehr seltener Gast. *Wanderungen:* Die Brutvögel Sibiriens überwintern von Oktober bis März in Mitteleuropa. *Nahrung:* Vorwiegend pflanzliche Kost auf Wiesenflächen. *Brut:* Baut Nester in Mooren und Sümpfen. Das Gelege besteht aus 4 bis 6 Eiern.

Brandgans – Brandente
R – Poppenweiler Januar 2010

Graugans
R – Hochberg Mai 2010

Saatgans
R – Aldingen Januar 2011

Bläßgans
R – Wernau Dezember 2011

Kanadagans

Größe: Größer als Graugans 90–100 cm **Merkmale:** Sehr groß, vorwiegend hell sandbraun mit schwarzem Hals und großem weißem Wangenfleck. Schnabel und Beine schwarz. Die Flügel sind fast einfarbig graubraun. *Stimme:* Ruffreudig, verschiedene tutende und nasale Rufe. Typisch ist ein aufsteigender Doppelruf: „or–büht". *Verhalten:* Weidet wie andere Gänse Wiesen und Parkflächen in der Nähe von Seen und Teichen ab. *Lebensraum:* Seen und Teiche, oft auf Parkflächen. *Vorkommen:* Diese nordamerikanische Art ist in den 50–er–Jahren in Schweden eingeführt worden. In anderen Teilen Europas, so auch in Deutschland, haben weitere Aussetzungen zu neuen Brutvorkommen geführt. *Wanderungen:* Die skandinavischen Brutvögel ziehen nach Mitteleuropa. Die einheimischen Brutvögel sind Jahresvögel. *Nahrung:* Vorwiegend pflanzliche Kost, vor allem Gräser. *Brut:* Baut Nester am Ufer von Teichen und Seen. Das Gelege besteht aus 5 bis 6 grünlichen Eiern.

Nilgans

Größe: Kleiner als Graugans 63–73 cm Merkmale: Diese einst als „Ziergeflügel" eingeführte afrikanische Gans ist aufgrund der Färbung unverkennbar. Im Fluge fällt ein großes weißes Feld auf den Flügeldecken auf. *Stimme:* Verschiedene tutende, zischende und schrill kratzende Rufe. *Verhalten:* Sucht sowohl am Ufer von Flüssen und Seen, als auch auf Wiesenflächen nach Nahrung. Gegenüber anderen Wasservögeln oft sehr aggressiv. *Lebensraum:* Besiedelt Feuchtgebiete aller Art, vor allem Seen und Flüsse. *Vorkommen:* Seit etwa 40 Jahren brüten Gefangenschaftsflüchtlinge wild in den Niedelanden und danach auch in Deutschland. Zunehmend häufiger Brutvogel in ganz Deutschland, so auch in unserem Raum, konkurriert dabei mit einheimischen Wasservögeln. *Wanderungen:* Jahresvogel *Nahrung:* Pflanzliche Kost, aber auch Würmer, Insekten und Weichtiere. *Brut:* Baut Nester am Ufer, in Höhlungen aller Art, auch in Gebäuden. Das Gelege besteht aus 5 bis 9 Eiern.

Rostgans

Größe: Kleiner als Nilgans 58–70 cm **Merkmale:** Männchen und Weibchen sind fast einfarbig rostbraun gefärbt, das Männchen mit einem undeutlichen schwarzen Halsring, das Weibchen mit weißlichen Kopfseiten um das Auge herum. Im Fluge sind die weißen Flügeldecken auffällig. *Stimme:* Nasal „ang" dem Ruf der Kanadagans nicht unähnlich. *Verhalten:* Sucht am Rande von Gewässern und auf Wiesen und Steppen nach Nahrung. *Lebensraum:* Vor wenigen Jahrzehnten in Europa nur Brutvogel in Griechenland und Südspanien, oft auf Steppenseen. *Vorkommen:* Durch Gefangenschaftsflüchtlinge und gezielte Aussetzungen inzwischen regelmäßiger Brutvogel auch in Deutschland. Konkurrenz mit einheimischen Wasservogelarten ist umstritten. In unserem Raum ziemlich selten. *Wanderungen:* Jahresvogel *Nahrung:* Vorwiegend pflanzliche Kost, aber auch Insekten und Würmer. *Brut:* Baut Nester in Höhlungen aller Art, auch in Gebäuden und Nistkästen. Das Gelege besteht aus 3 bis 6 Eiern.

Moschusente

Größe: Größer als Stockente 66–84 cm **Merkmale:** Die sehr große, massige Ente ist kräftiger als Stockente und ist als Wildvogel schwarz mit grünlichem Glanz und teilweise nacktem Gesicht. Kennzeichnend ist der weiße Vorderflügel. In Gefangenschaft entstanden durch die Zucht viele abweichende Färbungen. *Stimme:* Tief schnarrende Rufe *Verhalten:* Hält sich bevorzugt an Fluß– und Seeufern auf, um dort nach Nahrung zu suchen. *Lebensraum:* Als Wildvogel in Südamerika vorwiegend in großen überfluteten Gebieten. *Vorkommen:* Gefangenschafsflüchtling, der jahrelang an der Remsmündung sowie in Pleidelsheim und Benningen beobachtet werden konnte. *Wanderungen:* Keine *Nahrung:* Weichtiere und andere Wirbellose aus dem Schlamm von Fluß– und Seeufern.

Kanadagans
R – Poppenweiler Dezember 2010

Nilgans
R – Aldingen Februar 2010

Rostgans
R – Ossweil Februar 2011

Moschusente
– Azoren Mai 2012

Gänsesäger

Größe: Größer als Stockente 58-68 cm *Merkmale:* Säger haben Hornzähnchen am Schnabel, der an eine Säge erinnert. Sie ähneln langgestreckten Tauchenten. Das Männchen des Gänsesägers ist als eine der auffälligsten Wasservogelarten in Europa unverkennbar. Die Weibchen können mit dem Mittelsäger verwechselt werden. Man achte auf den weißen Kehlfleck und die scharfe Grenze zwischen der braunen und der grauen Färbung am Hals. Jungvögel haben einen weißen Zügelstreif und eine helle Iris. *Stimme:* Gelegentlich tief schnarrende Rufe. *Verhalten:* Hält sich vorzugsweise auf Flüssen und tiefen Seen auf, um dort nach Fischen zu tauchen. Rastet auf Steinen oder Baumstämmen am Ufer.

Lebensraum: Tiefe Seen, Flüsse und Bäche. *Vorkommen:* Von Skandinavien bis Ostsibirien weit verbreitet. In Baden-Württemberg viele Jahre als Brutvogel verschwunden. Seit wenigen Jahren aber Brutvogel in unserem Raum, beispielsweise an der unteren Rems. *Wanderungen:* Die hochnordischen Gänsesäger überwintern teilweise in Mitteleuropa, beonders im Küstenbereich, aber auch auf den tieferen Alpenseen, vorwiegend von Oktober bis April. Die lokalen Brutvögel sind offenbar fast das ganze Jahr über anwesend. *Nahrung:* Vorwiegend Fische. *Brut:* Baut Nester in Baum- und Erdhöhlen, auch in spezielle Nistkästen. Das Gelege besteht aus 8 bis 12 Eiern.

Mittelsäger

Größe: Etwas kleiner als Gänsesäger 52-58 cm *Merkmale:* Das Männchen ähnelt dem Gänsesäger ein wenig, ist aber kleiner und an dem grünen Kopf, den abstehenden Schopffedern und der braunen Brust leicht zu bestimmen. Die Weibchen sind auf kurze Entfernung daran zu erkennen, daß die braune und die garue Färbung des Halses ineinander übergehen. Der Schnabel des Mittelsägers ist wesentlich dünner als der des Gänsesägers und immer leicht aufgeworfen. Fliegende Mittelsäger sind daran zu erkennen, daß das helle Flügelfeld der Armschwingen weniger weiß leuchtet, weil es durch

schwarze Linien dunkler erscheint. *Stimme:* Im Winter meist stumm. *Verhalten:* Taucht ähnlich dem Gänsesäger in tieferen Gewässern, um Fische zu erbeuten. *Lebensraum:* Küstengewässer, Seen und Flüsse. *Vorkommen:* In Deutschland seltener Brutvogel an der Ostseeküste. In Süddeutschland regelmäßiger Gast in geringen Zahlen, in unserem Raum sehr selten und unregelmäßig. *Wanderungen:* Durchzügler und Wintergast von Oktober bis März. *Nahrung:* Vorwiegend Fische. *Brut:* Baut Nester am Ufer unter Büschen und Sträuchern. Das Gelege besteht aus 8 bis 10 Eiern.

Zwergsäger

Größe: Kleiner als Schellente (S. 130) 38-44 cm *Merkmale:* Viel kleiner als die anderen Säger. Erinnert von der Gestalt her an die Schellente. Das Männchen ist auffallend weiß mit schwarzen Linien auf dem Rücken, der Brust und am Hinterkopf. Die Weibchen sind viel unscheinbarer, vorwiegend grau mit kastanienbraunem Kopf und weißer Kehle. Im Fluge sind die auffallend weißen Flügeldecken sehr auffällig. *Stimme:* Im Winterquartier stumm. *Verhalten:* Oft scheu und hektisch. Schwimmt und taucht gern auf Flüssen, aber auch auf tieferen Seen

und Teichen, oft zusammen mit Schellenten im gleichen Gebiet. *Lebensraum:* Recht seltener Brutvogel Nord-Skandinaviens und Sibiriens an teilweise kleinen Waldseen und Flüssen in der Taiga. *Vorkommen:* Alljährlicher Wintergast auch in Süddeutschland, aber auch am Bodensee nur ausnahmsweise mehr als 10. In unserem Raum selten und sehr unregelmäßig. *Wanderungen:* Durchzügler und Wintergast von Oktober bis März. *Nahrung:* Vorwiegend kleine Fische. *Brut:* Baut Nester in Baumhöhlen, so auch in Schwarzspechthöhlen. Das Gelege besteht aus 7 bis 9 Eiern.

Gänsesäger (♂) R – Neckarrems Februar 2009

Gänsesäger (Jungvogel) R – Poppenweiler Juli 2012

Mittelsäger (♂) – Hiddensee April 2009

Mittelsäger (♀) – Bornholm August 2010

Zwergsäger (♂) – Bayern Januar 2010

Zwergsäger (♀) R – Esslingen Januar 1979

Höckerschwan

Größe: Sehr groß 140–160 cm *Merkmale:* Dieser sehr große weiße Vogel ist als Parkschwan bekannt. Im Vergleich zu anderen Schwänen ist der rote Schnabel mit dem schwarzen Schnabelhöcker und der meistens rundlich geschwungen gehaltene Hals kennzeichnend. *Stimme:* Schnarchende und fauchende Rufe als Drohung. Fliegende Höckerschwäne verursachen ein hoch pfeifendes Fluggeräusch. *Verhalten:* Weidet auf Wiesen und gründelt in Flachwasserzonen. *Lebensraum:* Seen und Teiche, oft auf Parkflächen. *Vorkommen:* Der Höckerschwan ist ursprünglich als Brutvogel auf den Norden und Nordosten Deutschlands beschränkt. Die Höckerschwäne Süddeutschlands sind häufig Nachkommen von Parkschwänen, darauf deuten die reinweißen Jungschwäne. Die jungen Wildschwäne sind graubraun. *Wanderungen:* Nordische Höckerschwäne ziehen teilweise. *Nahrung:* Vorwiegend pflanzliche Kost, vor allem Gräser. *Brut:* Baut umfangreiche Nester am Ufer von Teichen und Seen. Das Gelege besteht aus 4 bis 7 Eiern.

Singschwan

Größe: So groß wie Höckerschwan 140–160 cm *Merkmale:* Vom Höckerschwan durch den vorwiegend gelben Schnabel, das Fehlen des Höckers und den meistens gerade gehaltenen Hals zu unterscheiden. *Stimme:* Rastende und vor allem ziehende Singschwäne rufen sehr melodisch zweisilbig „hang–hö". *Verhalten:* Weidet auf Wiesenflächen und gründelt in Flachwasserzonen. *Lebensraum:* Brütet auf Tundra– und Waldseen Skandinaviens und Islands. *Vorkommen:* Zahlreicher Wintergast in Norddeutschland. Auch auf einigen „Traditionsflächen" am Bodensee bis über 100 Überwinterer. In unserem Raum unregelmäßig Einzelvögel. *Wanderungen:* Die Brutvögel des hohen Nordens halten sich von Oktober bis März im mitteleuropäischen Winterquartier auf. *Nahrung:* Vorwiegend pflanzliche Kost. *Brut:* Baut Nester am Ufer von Seen in der Tundra. Das Gelege besteht aus 3 bis 6 Eiern.

Zwergschwan

Größe: Kleiner als Singschwan 115–127 cm *Merkmale:* Dem Singschwan sehr ähnlich, aber etwas kleiner mit relativ dickerem Hals, steilerer Stirn und kürzerem Schnabel, der nur auf der basalen Hälfte gelb gefärbt ist. *Stimme:* Ähnlich Singschwan, aber kürzer und weniger hallend. *Verhalten:* Wie Singschwan in Flachwasserbereichen und auf Weiden. *Lebensraum:* Brütet in der russischen Tundra. Im Winter auf Wiesen und Äckern. *Vorkommen:* Zahlreicher Wintergast in Norddeutschland, aber viel seltener als Singschwan. Am Bodensee unter den Singschwänen Einzelvögel oder Familien. In unserem Raum extrem selten. *Wanderungen:* Die russischen Brutvögel halten sich von Oktober bis März im Winterquartier auf. *Nahrung:* Vorwiegend pflanzliche Kost. *Brut:* Baut Nester am Ufer von Seen in der Tundra. Das Gelege besteht aus 3 bis 5 grünlichen Eiern.

Schwarzschwan

Größe: Kleiner als Höckerschwan 110–140 cm *Merkmale:* Fast einfarbig schwarzer Schwan mit leuchtnd rotem Schnabel. Im Fluge fallen die weißen Schwungfedern auf. *Stimme:* Grunzende Rufe. *Verhalten:* Besiedelt in Australien die Flachwasserbereiche großer Seen und gründelt wie unsere einheimischen Schwäne. *Lebensraum:* Brütet auch in Deutschland am Ufer großer Seen. *Vorkommen:* Trotz zahlreicher Aussetzungsversuche hat sich in Deuschland bisher keine wildlebende Population gebildet wie in anderen europäischen Ländern. Ein Schwarzschwan war viele Monate Gast an der Aldinger Schleuse. *Wanderungen:* Jahresvogel *Nahrung:* Gras, Weichtiere und Würmer. *Brut:* Baut seine Nester am Ufer großer Seen. Das Gelege besteht aus 5 bis 8 weißen Eiern.

Höckerschwan
R – Poppenweiler Februar 2012

Singschwan
R – Max-Eyth-See Januar 1974

Zwergschwan
– Japan Februar 2004

Schwarzschwan
R – Poppenweiler Juli 2011

Rosaflamingo

Größe: Sehr groß 90–120 cm **Merkmale:** Unverkennbar. **Stimme:** Gänseartig gackernd. **Verhalten:** Sucht in Flachwasserbereichen mit seinem „umgekehrten" Entenschnabel nach Kleintieren. **Lebensraum:** Bevorzugt an vielen Stellen Südeuropas und Afrikas Flachwasserbereiche mit Salz– oder Brackwasser. **Vorkommen:** Von den extrem seltenen Gästen läßt sich, auch wenn die Vögel nicht beringt sind, kaum sicher sagen, ob es Wildvögel sind. Ein Vogel am Max–Eyth–See könnte tatsächlich aus Südfrankreich gekommen sein. **Wanderungen:** Die Brutvögel im Mittelmeerraum wandern oft größere Strecken, teilweise abhängig von der Wetterlage, besonders in Trockenzeiten. **Nahrung:** Kleintiere, die aus dem Wasser gefiltert werden. **Brut:** Baut in Kolonien große napfförmige Nester, legt nur 1 Ei.

Komoran

Größe: Gänsegroß 77–94 cm **Merkmale:** Kormorane sind vorwiegend schwarz mit bronzefarbenem Glanz auf der Oberseite. Der Schnabel und die Kehle sind teilweise gelblich. Altvögel sind zur Brutzeit teilweise weiß am Kopf und weisen einen weißen Flankenfleck auf. Jungvögel sind mehr graubraun und weißlich auf der Unterseite. **Stimme:** Am Brutplatz knurrende Laute. **Verhalten:** Rasten gern auf Bäumen, Kaimauern oder Laternen. Dabei halten sie die Flügel oft zum Trocknen offen, weil sie ihr Gefieder nicht wie andere Wasservögel mit Bürzeldrüsenfett „imprägnieren" können. **Lebensraum:** Küsten, Seen und Flüsse **Vorkommen:** Nach starker Bestandserholung in den vergangenen Jahrzehnten zahlreicher Wintergast und regelmäßiger Brutvogel. **Wanderungen:** Im Winter erhöhen sich die Bestände aufgrund der nordischen Gäste. **Nahrung:** Vorwiegend Fische. **Brut:** Baut Nester aus Ästen in Bäumen oder an Felsen. Das Gelege besteht aus 3 bis 4 Eiern.

Bläßhuhn

Größe: Wesentlich kleiner als Stockente 36–42 cm **Merkmale:** Der Name ist wie so mancher deutsche Name irreführend. Das Bläßhuhn gehört zu den Rallen, also einer Vogelfamilie mit der der Laie meistens nur wenig anfangen kann. Und diese Bläßralle ist meistens recht zutraulich im Gegensatz zu der Mehrheit der einheimischen Rallen. Das Bläßhuhn ist fast einfarbig rußschwarz, nur der Flügelhinterrand ist hellgrau. Auffallend ist nur der weiße Schnabel, das weiße Stirnschild, die Blässe und das rote Auge. Kleine Jungvögel haben einen rötlichen Kopf, später sind sie grau mit weißlichem Hals. **Stimme:** Laut „kröck" und „pix", Jungvögel betteln mit jammernden Rufen. **Verhalten:** Schwimmt oft auf freien Wasserflächen von Flüssen, Seen und Teichen, taucht aber auch nicht selten. **Lebensraum:** Sehr anpassungsfähig. Besiedelt sowohl die Ufer von Flüssen, größeren Seen, als auch von kleineren Teichen. **Vorkommen:** In Deutschland ein sehr häufiger Brutvogel der verschiedensten Gewässer, dazu kommen schwer feststellbar im Winter Gäste aus nördlichen Teilen Europas. **Wanderungen:** Viele Altvögel sind Jahresvögel, die unseren Raum nur bei strengem Frost verlassen. Jungvögel ziehen im ersten Lebensjahr aber oft in den Mittelmeerraum. **Nahrung:** Sehr variabel: sowohl Teile von Wasserpflanzen, aber auch Insekten, Weichtiere und Reste toter Fische. **Brut:** Baut Nester in die Ufervegetation der verschiedenen Gewässer, teilweise auch Schwimmnester. Das Gelege besteht aus 4 bis 9 Eiern.

Rosaflamingo
🌐 – Türkei Juni 2007

Komoran
R – Zugwiesen September 2012

Bläßhuhn
R – Neckarrems September 2012

Bläßhuhn (Jungvögel)
R – Zugwiesen September 2012

141

Teichhuhn

Größe: Viel kleiner als Bläßhuhn 27–31 cm *Merkmale:* Scheuer als Bläßhuhn, aber zutraulicher als alle anderen Rallen. Vorwiegend düster braun und dunkelblau mit einem weißen Streifen an der Körperseite. Die Beine sind gelbgrün mit roten „Strumpfbändern". Schnabel und Stirnschild sind rot mit gelber Spitze. Beim schwimmenden Vogel fallen von hinten die weißen äußeren Unterschwanzdecken auf. Kleine Jungvögel sind ganz schwarz, ältere vorwiegend blaß braun. *Stimme:* Typisch „kütürk" *Verhalten:* Hält sich gern in der Ufervegetation verborgen, schwimmt aber auch auf freiem Wasser. *Lebensraum:* Flüsse und Teiche mit Büschen. *Vorkommen:* Als Brutvogel weit verbreitet, aber viel seltener als Bläßhuhn. *Wanderungen:* Jahresvogel, Jungvögel ziehen nach Süden. *Nahrung:* Würmer, Insekten und Schnecken, auch Pflanzenteile. *Brut:* Baut Nester in Büsche am Ufer. Das Gelege besteht aus 5 bis 10 Eiern.

Wasserralle

Größe: Kleiner als Teichhuhn 23–26 cm *Merkmale:* Dem Teichhuhn grob ähnlich, aber mit viel längerem Schnabel, oberseits rotbraun mit dunkler Fleckung, unterseits dunkel blaugrau mit markanter Zebrastreifung an den Flanken. Jungvögel sind wesentlicher heller. Von hinten sieht man leuchtend weiße Unterschwanzdecken. *Stimme:* Im Brutgebiet hört man sehr eigenartige hoch quiekende und tief brummende Rufe. *Verhalten:* Hält sich bevorzugt in dichtem Schilf auf, scheu und schreckhaft. *Lebensraum:* Brütet in dichten Schilfwäldern. *Vorkommen:* In unserem Raum vielleicht sehr seltener Brutvogel. Als Durchzügler früher vereinzelt im April/Mai und häufiger im August/September zu sehen. *Wanderungen:* Viele europäische Wasserrallen ziehen bis nach Nordafrika, einige wenige überwintern hier aber auch. *Nahrung:* Insekten und Würmer. *Brut:* Baut Nester im Pflanzendickicht von Rohrwäldern. Das Gelege besteht aus 3 bis 5 Eiern.

Tüpfelsumpfhuhn

Größe: Kleiner als Wasserralle 19–22 cm *Merkmale:* Der Wasserralle grob ähnlich, aber kleiner und mit kürzerem Schnabel. Ober– und Unterseite sind dicht „getüpfelt". Von hinten sieht man blaßbraune Unterschwanzdecken. *Stimme:* Im Brutgebiet hört man die Balzrufe, die sich anhören, als ob jemand mit einer Gerte durch die Luft schlägt: „chuitt" *Verhalten:* Sucht wie die Wasserralle am Boden überschwemmter Wiesen und dichter Rohrwälder nach Nahrung, scheu und schreckhaft. *Lebensraum:* Brütet auf Seggenwiesen und dicht bewachsenen nassen Wiesen. *Vorkommen:* In Deutschland seltener Brutvogel. Im April/Mai und im August/September vermutlich auch in unserem Raum regelmäßiger Durchzügler, der aber nur ausnahmsweise beobachtet wird. *Wanderungen:* Zieht im Winter in den Mittelmeerraum und bis nach Afrika. *Nahrung:* Vorwiegend Insekten und Würmer. *Brut:* Baut Nester in dichter Vegetation am Boden. Das Gelege besteht aus 4 bis 8 Eiern.

Kleines Sumpfhuhn

Größe: Etwas kleiner als Tüpfelsumpfhuhn 17–19 cm *Merkmale:* Das Männchen ist ähnlich wie die viel größere Wasserralle oberseits rotbraun mit schwarzen Abzeichen, unterseits blaugrau. Das Weibchen ist oberseits hellbraun mit schwarzen Abzeichen, unterseits hell rahmfarben. Die von hinten sichtbaren Unterschwanzdecken sind eng dunkel gebändert. *Stimme:* Im Brutgebiet sind quäkende Balzrufe zu hören „bääk–bääk–bäk–bäk–bäk". *Verhalten:* Sucht im Schilfgürtel großer Seen nach Nahrung, oft weniger scheu als die anderen Rallen. *Lebensraum:* Dichte Schilfwälder. *Vorkommen:* In Deutschland sehr seltener Brutvogel und auch als Durchzügler recht selten. Alte Nachweise aus dem NSG Pleidelsheimer Wiesental. *Wanderungen:* Durchzügler im April/Mai und etwas häufiger im August/September. *Nahrung:* Würmer, Insekten und andere kleine Tiere. *Brut:* Baut sein Nest in dichter Vegetation im Schilfgürtel. Das Gelege besteht aus 5 bis 7 Eiern.

Teichhuhn
R – Max-Eyth-See September 2012

Wasserralle
– Bayern Dezember 2007

Tüpfelsumpfhuhn
R – Freiberg April 2011

Kleines Sumpfhuhn
– Waghäusel April 2009

Haubentaucher

Größe: Etwa so groß wie Stockente 46–51 cm
Merkmale: Der Haubentaucher gehört zu den Lappentauchern, er hat Lappen an den Schwimmfüßen. Der Haubentaucher ist wesentlich schlanker als eine Ente. Der ansonsten graubraune Vogel ist meistens an dem leuchtend weißen Hals gut zu erkennen. Zur Brutzeit hat der Vogel eine rotbraun–schwarze Haube. Jungvögeln fehlt dieser Kopfschmuck. *Stimme:* Im Brutgebiet sind knurrende Rufe zuhören, Jungvögel betteln mit hohen piepsigen Rufen. *Verhalten:* Schwimmt und taucht vorwiegend in offenem Wasser. *Lebensraum:* Zur Brutzeit auf Seen und großen Teichen, im Winter auch an der Küste und auf Flüssen. *Vorkommen:* Als Brutvogel weit verbreitet, in unserem Raum in Pleidelsheim, Wernau und am *Max–Eyth–See.* Im Winter regelmäßiger Gast auf dem Neckar. *Wanderungen:* Die meisten Brutvögel verlassen das Brutgebiet. Im Winter teilweise Gäste aus dem Norden. *Nahrung:* Fische und Würmer. *Brut:* Schwimmnester in Ufernähe. Das Gelege besteht aus 3–5 weißen Eiern.

Schwarzhalstaucher

Größe: Etwas größer als Zwergtaucher (S. 146) 31–38 cm *Merkmale:* Dem Zwergtaucher grob ähnlich, aber größer und im Winter mehr grau als braun. Im auffälligen Brutkleid Kopf und Hals schwarz mit goldgelben Büscheln hinter dem roten Auge. Die Stirn ist immer recht steil und der spitze Schnabel etwas aufgeworfen. *Stimme:* Im Brutgebiet hohe pfeifende Rufe. *Verhalten:* Schwimmt und taucht zur Brutzeit auf kleinen Seen und Teichen mit vielen Schwimmpflanzen. *Lebensraum:* Zur Brutzeit kleine Seen, zur Zugzeit auch an Küsten und größeren Seen. *Vorkommen:* In Deutschland lokaler Brutvogel mit stark schwankenden Beständen. In unserem Raum seltener, unregelmäßiger Durchzügler auf Seen. *Wanderungen:* Die russischen Brutvögel ziehen. Am Bodensee überwintern einige hundert. *Nahrung:* Kleinfische, Insekten und Würmer. *Brut:* Baut Nester kolonieweise in dichter Vegetation. Das Gelege besteht aus 3 bis 4 grünlichen Eiern.

Rothalstaucher

Größe : Kleiner als Haubentaucher 40–46 cm Merkmale : Dem Haubentaucher grob ähnlich. Zur Brutzeit leicht an dem roten Hals zu bestimmen. Im Winter jungen Haubentauchern recht ähnlich, dann am ehesten an der geringeren Größe, den grauen Wangen, der gelben Schnabelbasis und dem grauen Hals zu bestimmen. *Stimme:* Im Brutgebiet hört man wiehernde Balzrufe, im Winter stumm. Verhalten : Ähnlich Haubentaucher. *Lebensraum:* Brütet am Ufer kleinerer Seen mit dichter Ufervegetation. *Vorkommen:* In Deutschland Brutvogel nur im Norden und Nordosten. In Süddeutschland regelmäßiger Wintergast in sehr geringer Zahl von September bis April. In unserem Raum Ausnahmegast. *Wanderungen:* Unsere Wintergäste kommen vor allem aus dem finnischen und russischen Raum. *Nahrung:* Fische und Würmer. *Brut:* Baut Schwimm–Nester im Pflanzendickicht. Das Gelege besteht aus 3 bis 5 Eiern.

Ohrentaucher

Größe: Etwas größer als Schwarzhalstaucher 31–38 cm *Merkmale:* Zur Brutzeit leicht an dem rotbraunen Hals und den gelben Federohren zu bestimmen. Unsere Gäste in Süddeutschland sind aber meistens schlicht und dann dem Schwarzhalstaucher sehr ähnlich. Der Schnabel ist etwas dicker und nicht aufgeworfen, Kehle und Hinterkopf sind leuchtender Weiß und die Stirn ist weniger steil. *Stimme:* Im Winterquartier stumm. *Verhalten:* Schwimmt und taucht im Winter auf größeren Seen und Flüssen. *Lebensraum:* Küsten, Flüsse und größere Seen. *Vorkommen:* Regelmäßiger Durchzügler und Wintergast an den Küsten. Im Binnenland sehr selten. In unserem Raum wenige Einzelnachweise. *Wanderungen:* Wintergast aus Skandinavien und Russland von Ende Oktober bis Ende März. *Nahrung:* Kleine Fische und wasserbewohnende Kleintiere. *Brut:* Baut Nester in der Uferregion von vegetationsreichen Bergseen in Skandinavien und Island. Das Gelege besteht aus 3 bis 6 grünlichen Eiern.

Haubentaucher
R – Poppenweiler April 2012

Rothalstaucher
– Alaska Juni 2008

Schwarzhalstaucher
– Bregenz Oktober 1995

Ohrentaucher
R – Aldingen Februar 2010

Zwergtaucher

Größe: Kleinster, nur faustgroßer Lappentaucher 23–29 cm *Merkmale:* Zur Brutzeit dunkelbraun mit rotbraunem Kopf– und Halsseiten und auffälligem gelbweißem Fleck an der Schnabelbasis. Im Winter heller braun. *Stimme:* Im Brutgebiet hört man den lauten Balztriller „bibibibibibi", Einzelrufe auch im Winterquartier. *Verhalten:* Hält sich zur Brutzeit gern auf sehr kleinen Gewässern auf. Im Winter auch auf Flüssen, häufig im Schutz der Ufervegetation. *Lebensraum:* Brütet auf sehr kleinen Gewässern wie auf dem Steinbruchsee/Neckarrems. Im Winter sehr anpassungfähig. *Vorkommen:* In Deutschland weit verbreiteter Brutvogel. In unserem Raum seltener Brutvogel, aber bis über 20 Wintergäste. *Wanderungen:* Östliche Populationen ziehen nach Süden. Unsere Zwergtaucher sind eher Jahresvögel. *Nahrung:* Kleinfische, Insekten und Würmer. *Brut:* Baut Schwimm–Nester in dichter Ufervegetation. Das Gelege besteht aus 5 bis 6 Eiern.

Prachttaucher

Größe: Größer als Stockente 63–75 cm *Merkmale:* Der Prachttaucher gehört zu den Seetauchern, die Schwimmhäute zwischen den Zehen haben. Im Winter sind Prachttaucher oberseits dunkelgrau, Kehle, Vorderhals und Unterseite sind weiß. Jungvögel sind auf der Oberseite grau geschuppt. Am Bodensee sieht man im Frühjahr manchmal das Brutkleid mit weißem Perlenmuster auf dem Rücken und schwarzer Kehle. *Stimme:* Im Winter stumm. *Verhalten:* Taucht tief und ausdauernd. *Lebensraum:* Brütet auf Seen vor allem in Skandinavien. Überwintert bevorzugt an tiefen Stellen der Alpenseen. *Vorkommen:* Durchzügler auf Seen und Flüssen auch in Süddeutschland, in unserem Raum nicht in jedem Herbst, am Bodensee überwintern bis etwa 50 Exemplare. *Wanderungen:* Hochnordische Durchzügler vor allem im Oktober/November. *Nahrung:* Fische *Brut:* Baut Schwimmnester in Ufernähe. Ist an Land extrem unbeholfen. Legt meistens 2 Eier.

Sterntaucher

Größe: Etwas kleiner als Prachttaucher 55–67 cm *Merkmale:* Heller grau als Prachttaucher und mit mehr Weiß an Kehle und Hals. Im Prachtkleid mit mehr grau an der Kehle und mit einem dunkel karminroten Kehlstreifen. Schnabel dünner als beim Prachttaucher und immer leicht aufgeworfen. *Stimme:* Im Winterquartier schweigsam *Verhalten:* Taucht tief und ausdauernd *Lebensraum:* Brütet im hohen Norden an Küsten– und Waldseen *Vorkommen:* In Deutschland Wintergast vor allem an der Nord– und der Ostsee. Im Binnenland alljährlicher seltener Gast, gelegentlich am *Max–Eyth–See*. *Wanderungen:* Überwintert an den Küsten von Nord– und Ostsee, am Bodensee gelegentlich bis 4 Exemplare. *Nahrung:* Fische *Brut:* Baut Nester an Küstenseen Nordeuropas. Das Gelege besteht meistens aus 2 Eiern.

Eistaucher

Größe: Wesentlich größer als Stern– und Prachttaucher 73–88 cm *Merkmale:* Ähnelt dem Prachttaucher, ist aber größer, hat einen kräftigeren Schnabel und oft eine „Beule", die durch die steile Stirn und den flachen Scheitel entsteht. Das schwarzweiße Prachtkleid ist in Deutschland fast nie zu sehen. *Stimme:* Im Winterquartier meistens stumm. *Verhalten:* Taucht sehr tief und ausdauernd. *Lebensraum:* Brütet auf Seen in Island und Nordamerika. *Vorkommen:* Einzelne Wintergäste fast alljährlich am Starnberger See und am schweizerischen Bodenseeufer. Im Dezember/Januar 2011/12 war ein auf dem Waiblinger Parkteich überwinternder Eistaucher die Attraktion, die Naturfreunde von weit her angelockt hat. Selten kann man diese Art bei uns aus so kurzer Entfernung genießen. *Wanderungen:* Die Brutvögel Nordamerikas und Islands sind im Winter regelmäßig im Nordatlantik zu sehen, im Binnenland selten. *Nahrung:* Fische *Brut:* Baut Schwimmnester, das Gelege besteht aus 2 Eiern.

Zwergtaucher
🌐 – Konstanz Mai 2003

Prachttaucher
🌐 – Nordrhein-Westfalen Januar 2012

Sterntaucher
🌐 – Finnland Mai 1991

Eistaucher
R – Waiblingen Januar 2012

Lachmöwe

Größe: Taubengroß 35–39 cm *Merkmale:* Im Brutkleid an der schokoladebraunen Kapuze erkennbar. Im Winter gibt es dort nur einen Ohrfleck. Jungvögel haben eine schwarze Schwanzendbinde und sind je nach Alter teilweise braun gefärbt. Lachmöwen haben immer einen weißen Keil am vorderen Rand des äußeren Flügels (Handschwinge). Paradebeispiel einer „Emma" (Christian Morgenstern: Die Möwen sehen alle aus, als ob sie Emma hießen). Große Möwen schauen eher grimmig wie „Siegfried". *Stimme:* Häufig „kriäh", sehr variabel.

Verhalten: Sucht auf Fluss–und Seeufern, aber auch auf Äckern nach Nahrung. *Lebensraum:* Gewässer aller Art. *Vorkommen:* Als Brutvogel in Deutschland auf größere Seen und Moore beschränkt. Als Durchzügler und Wintergast aber mit Abstand die häufigste Möwe im Binnenland. *Wanderungen:* Wintergast aus nördlichen Bereichen von August bis April. Vereinzelt im Sommer. *Nahrung:* Variabel, Fischreste, Schnecken, Muscheln, aber auch Regenwürmer, Insekten und Pflanzenreste. *Brut:* Baut Nester im Uferbereich von Seen. Das Gelege besteht aus 5 bis 8 Eiern.

Schwarzkopfmöwe

Größe: Geringfügig größer als Lachmöwe, 37–40 cm *Merkmale:* Altvögel haben im Brutkleid eine tiefschwarze Kapuze und reinweiße Flügel. Jüngere Vogel sind vorwiegend braun mit einer grauen Binde im Flügel und einer schwarzen Schwanzendbinde. Zweijährige Schwarzkopfmöwen haben weiße Flügel mit scharzen Flecken an den Spitzen. *Stimme:* Kennzeichnend „wäeuh", jammernd bis miauend. *Verhalten:* Wie Lachmöwe. *Lebensraum:* Küsten, Flüsse und Seen. Vorommen: In Deutschland sehr seltener, nur lokal vorkommender Brutvogel. Als Gast in unserem Raum selten und unregelmäßig. Meistens mit Lachmöwen vergesellschaftet.

Wanderungen: Die mitteleuropäischen Vögel ziehen im Winter bis in den Mittelmeerraum. *Nahrung:* Variabel wie Lachmöwe. *Brut:* Baut Nester meistens in Lachmöwenkolonien. Die Gelege enthalten 2 oder 3 Eier.

Zwergmöwe

Größe: Viel kleiner als Lachmöwe 24–28 cm *Merkmale:* Der Lachmöwe grob ähnlich, aber viel kleiner. Im Brutkleid haben die Vögel eine schwarze Kapuze, hellgraue, weiß eingerahmte Ober– und rußschwarze Unterflügel. Die Unterseite ist kurzfristig hell rosa gefärbt. Jungvögel tragen ein schwarzes großes M auf den Flügeln und eine schwarze Schwanzendbinde. *Stimme:* Gelegentlich „kek" *Verhalten:* Fliegt besonders beschwingt wie Seeschwalben (S.156) und sucht dabei auf der Wasseroberfläche nach Nahrung oder fängt fliegende Insekten. *Lebensraum:* Seen, auch in Wäldern.

Vorkommen: In Deutschland nur ausnahmsweise Brutvogel. Regelmäßiger Durchzügler und seltener Wintergast. In unserem Raum eher auf Seen, nur selten am Neckar. *Wanderungen:* Die Brutvögel Finnlands und Russlands verlassen das Brutgebiet und ziehen bis in den Mittelmeerraum. *Nahrung:* Häufig Insekten, auch Krebse und kleine Fische. *Brut:* Baut Nester am Ufer von Seen. Das Gelege besteht aus 2 bis 3 Eiern.

Lachmöwe   🌐 – Schweden Juli 1988

Lachmöwe   **R** – Poppenweiler Dezember 2006

Schwarzkopfmöwe (2-jährig) **R** – Aldingen Juni 2011

Schwarzkopfmöwe   **R** – Poppenweiler Juli 2012

Zwergmöwe   🌐 – Estland April 2007

Zwergmöwe (Jungvogel)   **R** – Pattonville April 2002

149

Sturmmöwe

Größe: Deutlich größer als Lachmöwe 40–46 cm *Merkmale:* Altvögel mit grauem Mantel, wobei die Flügelspitzen je nach Alter schwarz sind und weiße Flecken aufweisen. Jungvögel sind oberseits graubraun und haben eine schwarze Schwanzendbinde. Schnabel und Beine sind gelb bis grünlich, bei Jungvögeln bräunlich. *Stimme:* Hoch „kjie–kjie", auch kläffend. *Verhalten:* Fliegt ähnlich der Lachmöwe Fluß– und Seeufer nach Nahrung ab. *Lebensraum:* Flüsse, Seen und Küstenbereiche. *Vorkommen:* In Deutschland regelmäßiger Brutvogel an den Küsten von Nord– und Ostsee, vereinzelt auch in Süddeutschland. In unserem Raum von November bis März Durchzügler und Wintergast, gelegentlich bis 20 Ex.. *Wanderungen:* Wintergast aus dem Norden, in milden Wintern eher selten. *Nahrung:* Variabel: Fischreste, Muscheln, Krebse und Regenwürmer. *Brut:* Baut Nester am Boden, auf Felsen oder leicht erhöht in Bäume. Das Gelege besteht meistens aus 3 Eiern.

Dreizehenmöwe

Größe: Etwas kleiner als Sturmmöwe 37–42 cm *Merkmale:* Altvögel ähneln den Sturmmöwen, sind aber schlanker und heller. Die schwarzen Flügelspitzen sehen aus, wie in „Tinte getaucht". Schnabel gelb, Beine schwarz. Jungvögel weisen wie die viel kleineren Zwergmöwen ein schwarzes M auf den Flügeln auf, dazu aber auch noch ein schwarzes Nackenband. *Stimme:* Der typische Ruf „kittiwähk" hat dem Vogel den englischen Namen *Kittiwake* eingebracht. *Verhalten:* Sucht vorwiegend im Fluge über dem Meer nach Nahrung. *Lebensraum:* Brütet auf Felsen an der Küste des Nordatlantiks. Im Winter vereinzelt an anderen Küsten. *Vorkommen:* In Deutschland nur Brutvogel auf Helgoland. In unserem Raum Ausnahmegast: 2 Nachweise, Max–Eyth–See und Poppenweiler. *Wanderungen:* Die nordischen Brutvogel wandern im Winter bis Portugal/Marokko. *Nahrung:* Fischreste, Muscheln, Krebse und Würmer. *Brut:* Das Gelege besteht meistens aus 2 oder 3 Eiern.

Mittelmeermöwe (Weißkopfmöwe)

Größe: Etwa bussardgroß 52–58 cm *Merkmale:* Im Brutkleid mit mittelgrauem Mantel und schwarzen Flügelspitzen mit weißen Punkten. Die Beine orange, Schnabel leuchtend orangegelb mit einem auffälligen roten Fleck an der Spitze des Unterschnabels (*Gonysfleck*). Jungvögel sind zunächst graubraun, hellgeschuppt und wechseln schrittweise über 4 Jahre ins Alterskleid. Die Bestimmung solcher Möwen erfordert viel Übung! *Stimme:* Jauchzend „kliuh–kliuh–kliuh" oder „hau–hau". *Verhalten:* Sucht die Ufer von Seen oder Flüssen nach Nahrung ab. *Lebensraum:* Seen und Flüsse. *Vorkommen:* Die häufigste Möwe im Mittelmeergebiet, sie hat ihre Verbreitung in den letzten 50 Jahren deutlich nach Norden ausgedehnt und 2010 im NSG Pleidelsheimer Wiesental auf einer Insel gebrütet. Am Bodensee ganzjährig anzutreffen, in unserem Raum immer noch unregelmäßig und meistens nur Einzelvögel. *Wanderungen:* In Mitteleuropa sehr unregelmäßige Wanderungen. *Nahrung:* Sehr variabel: Fischreste, Jungvögel, Muscheln und Würmer. *Brut:* Baut Nester an Küsten und Seen. Das Gelege besteht aus 1 bis 3 Eiern.

Sturmmöwe   R – Aldingen März 2012

Sturmmöwe   R – Poppenweiler Dezember 2010

Dreizehenmöwe   R – Poppenweiler März 2009

Dreizehenmöwe (Jungvogel)   🌐 – Helgoland Oktober 2011

Mittelmeermöwe   R – Aldingen Juli 2009

Mittelmeermöwe (Jungvogel)   R – Hochberg Juli 2012

Silbermöwe

Größe: So groß wie Mittelmeermöwe 54–60 cm
Merkmale: Der Mittelmeermöwe sehr ähnlich. Wenn beide Arten nebeneinander stehen – etwa am Bodensee – so ist die Silbermöwe heller, mit blasserem Schnabel und rosa Beinen. Jungvögel sind zunächst besonders dunkel, die Bestimmung der jungen Vögel danach ist nur mit viel Erfahrung möglich. **Stimme:** Jauchzend „kliuh–kliuh–kliuh“, warnend „hau–hau–hau“. **Verhalten:** Wie Mittelmeermöwe. **Lebensraum:** Meeresküste. **Vorkommen:** Die häufigste Möwenart an den deutschen Küsten. Im Binnenland allgemein unregelmäßig und selten. In unserem Raum wenige Einzelnachweise. **Wanderungen:** Jahresvogel in Deutschland. Unregelmäßige Wanderungen nach Süden. **Nahrung:** Sehr variabel: Fischreste, Muscheln, Krebse, Eier und Jungvögel. **Brut:** Baut ihre Nester am Strand oder auf Felsen, oft in großen Kolonien. Das Gelege besteht aus 2 bis 3 Eiern.

Heringsmöwe

Größe: Etwas kleiner als Silbermöwe 48–56 cm
Merkmale: Skandinavische Heringsmöwen sind im Brutkleid auf der Oberseite tief schwarz, deutsche und britische Vögel sind dunkelgrau. Die Beine sind gelb. Jungvögel sind etwas heller als die der Silbermöwe, die Bestimmung ist aber sehr schwierig. Heringsmöwen sind etwas schlanker und langflügliger als Silbermöwen. **Stimme:** Sehr ähnlich Silbermöwe, etwas tiefer. **Verhalten:** Ähnlich Silbermöwe. **Lebensraum:** Meeresküste **Vorkommen:** Brütet an den Küsten des Nordatlantiks, in Skandinavien auch im Binnenland. In Deutschland Brutvogel vor allem auf den Inseln in der Deutschen Bucht. Vereinzelt Durchzügler an Seen und Flüssen in ganz Deutschland. **Wanderungen:** Heringsmöwen sind Langstreckenzieher, die bis ins tropische Afrika ziehen, aber auch regelmäig auf Atlantikinseln wie den Azoren erscheinen. **Nahrung:** Sehr variabel wie die anderen Großmöwen. **Brut:** Baut Nester auf dem Boden und auf Felsen. Das Gelege besteht aus 2 bis 3 Eiern.

Mantelmöwe

Größe: Noch größer als Silbermöwe 61–74 cm
Merkmale: Die Mantelmöwe ähnelt einer übergroßen schwarzrückigen Heringsmöwe mit sehr kräftigem Schnabel. In Süddeutschland ist allerdings am ehesten mit Jungvögeln zu rechnen, die an junge Mittelmeermöwen erinnern, die aber aufgrund ihrer enormen Größe auffallen. Die Beine der Mantelmöwe sind fleischfarben bis grau. **Stimme:** Sehr ähnlich den Stimmen der anderen Großmöwen, aber tiefer und etwas langsamer. **Verhalten:** Sucht Nahrung am Strand, parasitiert andere Wasservögel und frißt auch Eier und Jungvögel. **Lebensraum:** Küstenbewohner **Vorkommen:** In Deutschland vereinzelt Brutvogel an der Nordseeküste, aber das ganze Jahr über Gast. Extrem seltener Ausnahmegast in ganz Süddeutschland. In unserem Raum nur ein Nachweis. **Wanderungen:** Jahresvogel **Nahrung:** Sehr variabel, Fische, Muscheln, kleinere Tiere, auch Vögel. **Brut:** Baut Nester an der Küste. Das Gelege besteht aus 2 bis 3 Eiern.

Silbermöwe 🗺 – England August 1989

Silbermöwe **R** – Hochberg April 2009

Heringsmöwe **R** – Aldingen Mai 2010

Heringsmöwe 🗺 – Island Juli 1981

Mantelmöwe 🗺 – England Juli 1992

Mantelmöwe (Jungvogel) 🗺 – USA Mai 2012

Spatelraubmöwe

Größe: Etwas größer als Sturmmöwe, 42–50 cm ohne Schwanzspieße *Merkmale:* Raubmöwen sind oberseits braune, unterseits variabel gefärbte Vögel, die den Möwen nicht besonders nahe stehen. Alle 3 kleineren Arten sind als Seltenheiten in unserem Raum nachgewiesen. Alte Spatelraubmöwen sind leicht an der Größe etwa einer Sturmmöwe und den spatelförmigen Schwanzverlängerungen zu erkennen. Helle Spatelmöwen sind gelblich am Kopf und haben ein Brustband zwischen Kehle und Bauch. Dunkle Spatelraubmöwen sind fast einheitlich schwarzbraun, haben aber auch einen großen weißen Handwurzelfleck. Die junge Spatelraubmöwe vom Max–Eyth–See (Oktober–1976) war am kräftigen Schnabel, dem eher ruhigen Flug und den gebänderten Unterschwanzdecken gut zu bestimmen. *Stimme:* Im Winterquartier stumm. *Verhalten:* Sucht auf dem Wasser und auf dem Boden nach Beutetieren, z.B. Fische und Wühlmäuse. *Lebensraum:* Küste und Tundra am Eismeer, auch Seen. *Vorkommen:* Brutvogel an den Küsten der Nordhalbkugel. In Deutschland Durchzügler vor allem an der Küste. In unserem Raum nur ein Nachweis. *Wanderungen:* Zieht im Frühjahr an der Küste ins Brutgebiet, im Herbst auch über das Binnenland. *Nahrung:* Fische und kleine Säugetiere. *Brut:* Baut Nester in der Tundra. Das Gelege besteht aus 2–3 Eiern.

Schmarotzerrraubmöwe

Größe: Etwas kleiner als Spatelraubmöwe 37–44 cm ohne Schwanzspieße *Merkmale:* Der Spatelraubmöwe ähnlich, aber nicht viel größer als Lachmöwe und bei Altvögeln mit schlanken spitzen Schwanzspießen. Bei hellen Schmarotzerraubmöwen sind Kopf und Unterseite weißlich rahmfarben. Dunkle Schmarotzerraubmöwen sind fast einfarbig mit kleineren Handwurzelflecken als bei der Spatelraubmöwe. Jungvögel haben kurze zugespitzte Schwanzspieße und sind bei guten Bedingungen an den breiten rötlichbraunen Rändern der Rückenfedern zu erkennen. *Stimme:* Im Winterquartier stumm *Verhalten:* Diese Raubmöwe verfolgt sehr häufig andere Möwen oder Seeschwalben so lange, bis die ihre Beute fallen lassen oder sogar wieder auswürgen. Die Verfolgungsjagden sind auf mehrere 100 Meter erkennbar. *Lebensraum:* Tundren Nordeurasiens und Nordamerikas. Im Winterhalbjahr auf dem offenen Atlantik. *Vorkommen:* Regelmäßiger Durchzügler an den deutschen Küsten, im Spätsommer unregelmäßiger Durchzügler auch im Binnenland. In unserem Raum nur ein sehr alter Nachweis. *Wanderungen:* Zieht im Frühjahr an der Küste ins Brutgebiet, im Herbst auch über das Binnenland. *Nahrung:* Fische, auch Mäuse und Insekten. *Brut:* Baut Nester in der Tundra. Das Gelege besteht aus 2 bis 3 Eiern.

Falkenraubmöwe

Größe: Etwa lachmöwengroß 35–41 cm ohne Schwanzspieße. *Merkmale:* Etwa so groß wie Schmarotzerraubmöwe. Wirkt im Fluge aber nur lachmöwengroß. Fliegt leichter und mehr beschwingt. Altvögel besitzen sehr lange Schwanzspieße. Alte Falkenraubmöwen sind nie schwarzbraun wie es bei anderen Arten vorkommt. Die Oberseite ist mehr grau, typisch ist der dunkle Flügelhinterrand. Die junge Falkenraubmöwe von Aldingen (September–1988) konnte anhand der kurzen, abgerundeten Schwanzspieße und der schmalen hellgrauen Schuppung der Oberseite bestimmt werden. *Stimme:* Als Gast stumm. *Verhalten:* Sucht oft im Fluge nach Nahrung. *Lebensraum:* Brütet in Skandinavien, an der russischen Eismeerküste und in Nordamerika oft etwas von der Küste entfernt. Im Winterhalbjahr vorwiegend ein Meeresvogel, z.B. auf dem Atlantik. *Vorkommen:* In Deutschland Durchzügler vor allem an der Küste. Im Binnenland sehr selten. In unserem Raum nur ein Nachweis. *Wanderungen:* Die Brutvögel des Nordens wandern bis in den Südatlantik. *Nahrung:* Fische, kleine Wirbeltiere und Würmer. *Brut:* Baut Bodennester in der Tundra. Das Gelege besteht 2 bis 3 Eiern.

Spatelraubmöwe 🌐 – USA Mai 2012

Spatelraubmöwe **R** – Max-Eyth-See Oktober 1976

Schmarotzerrraubmöwe 🌐 – Norwegen Juni 1978

Schmarotzerrraubmöwe 🌐 – Norwegen Juni 1978

Falkenraubmöwe 🌐 – Finnland Juni 1978

Falkenraubmöwe (Jungvogel) **R** – Aldingen August 1988

155

Flußseeschwalbe

Größe: Etwa so groß wie Zwergmöwe 28–32 cm
Merkmale: Seeschwalben sind keine Schwalben, sondern mit den Möwen verwandt. Sie alle haben lange, spitze Flügel und einen oft tief gegabelten Schwanz. Ihr Flug ist meistens viel leichter und schneller als der von Möwen. Die Flußseeschwalbe ist vorwiegend weißlich gefärbt mit hellgrauem Rücken und schwarzer Kopfkappe. Schnabel und Beine sind rot. Die Schwanzspieße reichen beim sitzenden Vogel nicht an die Flügelspitzen heran. Jungvögel sind oberseits teilweise braun. Im Fluge ist auf den Armschwingen ein breiter dunkler Vorderrand sowie ein schmaler dunkler Hinterrand erkennbar. *Stimme:* Hohe schrille Rufe, teilweise kreischend „krie–krie–krie". *Verhalten:* Fliegt immer wieder im Suchflug über das Nahrungsrevier. Rüttelt oft und erbeutet kleine Fische im Sturzflug. *Lebensraum:* Gewässer aller Art an der Küste und im Binnenland. *Vorkommen:* In Deutschland als Brutvogel weit verbreitet, aber inzwischen fast überall recht selten. In unserem Raum unregelmäßig durchziehend, eher an Seen als am Neckar. *Wanderungen:* Zugvogel, der sich von September bis März in tropischen Gewässern aufhält. *Nahrung:* Fische *Brut:* Baut Nester am Ufer von Seen, gern auf speziellen Brutinseln oder Flössen. Das Gelege besteht aus 2 oder 3 Eiern.

Zwergseeschwalbe

Größe: Viel kleiner als Flußseeschwalbe 21–24 cm *Merkmale:* Der Flußseeschwalbe grob ähnlich, aber viel kleiner. Der Schnabel ist gelb mit schwarzer Spitze. Die Stirn der Altvögel ist weiß. Jungvögel haben dunkle Schnäbel und sind am Rücken braun gebändert. *Stimme:* Im Brutgebiet laut lärmend „gäteretät", Durchzügler sind meistens stumm. *Verhalten:* Sehr kräftiger, „hektischer" Flug. Rüttelt sehr viel und stößt oft aus geringer Höhe ins Wasser, um kleinste Fiische zu erbeuten. *Lebensraum:* Sandige Küstenbereiche und Sand– und Kiesinseln großer Flüsse. *Vorkommen:* In Deutschland sehr selten gewordener Brutvogel an den Küsten von Nord– und Ostsee. Bis 1920 noch Brutvogel in Bayern. Inzwischen im Binnenland sehr seltener Durchzügler im April/Juni und August/September. In unserem Raum nur zwei Einzelnachweise aus den Sommermonaten. *Wanderungen:* Zugvogel, der in Afrika überwintert, im April im Brutgebiet ankommt und im September abzieht. *Nahrung:* Kleine Fische *Brut:* Einfache Nistmulden auf dem Sand. Das Gelege besteht aus 2 oder 3 Eiern.

Raubseeschwalbe

Größe: Größer als Sturmmöwe (S. 150) 48–55 cm
Merkmale: Die größte Seeschwalbe überhaupt kann man in Europa allenfalls mit einer Möwe verwechseln. Der weiße, auf dem Rücken sehr hellgraue Vogel ist an der schwarzen Kopfkappe und dem leuchtend roten Schnabel leicht zu bestimmen. Die Beine sind schwarz. Im Flug sind die schwarzen Flügelspitzen und der nur schwach gegabelte Schwanz kennzeichnend. Die Jungvögel sind oberseits braun gebändert und haben einen orangefarbenen Schnabel mit schwarzer Spitze. *Stimme:* Reiherartig krächzend „krräk". *Verhalten:* Fliegt sehr langsam, fast schwerfällig reiherartig. *Lebensraum:* Flache Meeresinseln und Salinen. Auf dem Zug auf Seen und Teichen. *Vorkommen:* In Deutschland nur ausnahmsweise Brutvogel, aber regelmäßiger seltener Durchzügler, vor allem an der Küste. In unserem Raum ein Nachweis (Max–Eyth–See Mai 2002). *Wanderungen:* Zieht den Winter über in den Mittelmeerraum *Nahrung:* Fische *Brut:* Brütet auf Inseln und auf dem Boden von Kies– und Sandflächen an Flüssen oder Seen. Das Gelege besteht aus 2 oder 3 Eiern.

Flußseeschwalbe 🌍 – Azoren Mai 2012

Flußseeschwalbe 🌍 – Azoren Mai 2012

Zwergseeschwalbe 🌍 – Kuwait April 2007

Zwergseeschwalbe 🌍 – Dänemark Mai 2010

Raubseeschwalbe 🌍 – USA August 1990

Raubseeschwalbe 🌍 – Senegal Januar 2008

157

Trauerseeschwalbe

Größe: Deutlich kleiner als Flußseeschwalbe 22–26 cm *Merkmale:* Die Seeschwalben dieser Doppelseite sind *Sumpfseeschwalben*, die sich durch die insgesamt dunklere Färbung, geringere Größe und den weicheren Flug von den *weißen* Seeschwalben unterscheiden. Zur Brutzeit sind Trauerseeschwalben vorwiegend schwärzlich mit dunkelgrauen Ober– und hellgrauen Unterflügeln. Die Beine sind schwarz. Im Schlichtkleid sind Kopf und Unterseite weiß mit dunkler Kopfkappe und kennzeichnendem dunklen Brustseitenfleck. Jungvögel weisen dunkle Streifen auf dem Rücken auf. *Stimme:* Kurze Rufe wie „klit" oder „kijä" *Verhalten:* Der Flug ist leichter und weicher als der der weißen Seeschwalben. Sie picken oft Nahrung von der Wasseroberfläche und tauchen seltener tief in das Wasser ein. *Lebensraum:* Zur Brutzeit oft auf Seen mit schwimmender Vegetation. Zur Zugzeit auf Seen und Teichen aller Art. *Vorkommen:* Regelmäßiger, aber seltener Brutvogel in Deutschland, vor allem im Norden. Durchzügler fast in allen Landesteilen. In unserem Gebiet seltener und unregelmäßiger Durchzügler, vor allem im Mai und im August. *Wanderungen:* Trauerseeschwalben ziehen im Winterhalbjahr ins tropische Afrika. *Nahrung:* Insekten, andere Wirbellose und kleine Fische. *Brut:* Baut schwimmende Nester auf Wasserpflanzen. Das Gelege besteht aus 2 bis 3 Eiern.

Weißbart–Seeschwalbe

Größe: Kaum größer als Trauerseeschwalbe 24–28 cm *Merkmale:* Die Weißbart–Seeschwalbe ist viel heller als die Trauerseeschwalbe und daher den *weißen* Seeschwalben ähnlicher. Die Kopfkappe ist schwarz, die Wangen weiß, die Beine leuchtend rot. Im Schlichtkleid der Trauerseeschwalbe sehr ähnlich, aber ohne deutliche Brustseitenflecke. Jungvögel haben ebenfalls einen braun gebänderten Rücken. *Stimme:* Ruft sehr rau krächzend „kräk". *Verhalten:* Fliegt ähnlich der Trauerseeschwalbe mit weichen Flügelschlägen über die Wasseroberfläche. Gelegentlich aber auch Rüttelflug und Stoßtauchen. *Lebensraum:* Zur Brutzeit oft auf Seen mit schwimmender Vegetation. Zur Zugzeit auf Seen und Teichen aller Art. *Vorkommen:* Die Weißbart–Seeschwalbe erreicht als südliche Art in Deutschland ihre nördliche Verbreitungsgrenze. Im letzten Jahrzehnt sind kleinere, regelmäßig besetzte Kolonien in Mecklenburg–Vorpommern entstanden. In unserem Raum ist die Weißbart–Seeschwalbe sehr seltener, unregelmäßiger Durchzügler. *Wanderungen:* Die Weißbart–Seeschwalbe zieht im Winterhalbjahr ins tropische Afrika, überwintert aber teilweise auch im Mittelmeerraum. *Nahrung:* Insekten, andere Wirbellose und kleine Fische. *Brut:* Baut schwimmende Nester auf Wasserpflanzen. Das Gelege besteht aus 2 bis 3 Eiern.

Weißflügel–Seeschwalbe

Größe: Etwas kleiner als Trauerseeschwalbe 20–24 cm *Merkmale:* Mit ihrer kontrastreichen Färbung im Brutkleid ist die Weißflügel–Seeschwalbe eine der attraktivsten Vogelarten in Europa. Die weißen Oberflügeldecken und der weiße Schwanz kontrastieren mit dem vorwiegend schwarzen Vogel. Die Beine sind leuchtend rot. Im Schlichtkleid ähnlich Trauerseeschwalbe, der Schwanz ist jedoch heller und sie weist keinen Brustseitenfleck auf. Jungvögel sind auf dem Rücken sehr dunkel. *Stimme:* Rau und tief „dschrek" *Verhalten:* Fliegt ähnlich der Trauerseeschwalbe mit weichen Flügelschlägen über die Wasseroberfläche. *Lebensraum:* Flachwasserbereiche und Verlandungszonen mit Schwimmpflanzen. *Vorkommen:* Die Weißflügel–Seeschwalbe ist eine östliche Art, die in Deutschland ihre westliche Verbreitungsgrenze erreicht. Die Art ist daher in Deutschland nur unregelmäßiger Brutvogel. In den letzten Jahren kam es zu Neuansiedlungen in Mecklenburg–Vorpommern. In unserem Raum ist die Art extrem seltener Ausnahmegast. *Wanderungen:* Die Weißflügel–Seeschwalbe zieht im Winterhalbjahr ins tropische Afrika. *Nahrung:* Insekten, andere Wirbellose und kleine Fische. *Brut:* Baut schwimmende Nester auf Wasserpflanzen. Das Gelege besteht aus 2 bis 3 Eiern.

Trauerseeschwalbe  R – Aldingen August 2007

Trauerseeschwalbe  – Rumänien August 1980

Weißbart–Seeschwalbe  R – Max-Eyth-See Mai 2007

Weißbart–Seeschwalbe  – Senegal Januar 2008

Weißflügel–Seeschwalbe  – Kuwait April 2010

Weißflügel–Seeschwalbe  – Rumänien August 1980

Graureiher

Größe: Kleiner als Kraniche und Störche 84–102 cm *Merkmale:* Der Name Graureiher, der ähnlich in anderen Sprachen auch üblich ist, hat den unpassenden Namen *Fischreiher* abgelöst. Unser Vogel erbeutet nur zum Teil Fische, aber er ist vorwiegend grau. Dazu kommt ein weißes Gesicht und schwarze Schopffedern. Jungvögel sind noch einheitlicher grau. Der Schnabel ist gelb, bei jungen Reihern bräunlich. *Stimme:* Rau „kräk", am Brutplatz keckernde Rufe *Verhalten:* Ganz gleich, ob es Frösche, Fische, Maulwürfe oder Feldmäuse sind, in aller Regel schleicht sich ein Graureiher an die Beute, wartet und schlägt blitzartig zu. Im Flug wird der Hals S–förmig eingezogen. *Lebensraum:* Wiesen, Felder, Seen und Teiche, Horste auch in Wäldern. *Vorkommen:* In Deutschland weit verbreiteter, häufiger Brutvogel, so auch in unserem Raum (LB 1995 etwa 75 Brutpaare). *Wanderungen:* Jahresvogel, sonst auch Winterflüchter *Nahrung:* Fische und Kleinsäuger, auch Regenwürmer *Brut:* Baut große Nester in Bäumen, oft in Kolonien. Das Gelege besteht aus 3 bis 5 Eiern.

Silberreiher

Größe: Etwa so groß wie Graureiher 85–100 cm *Merkmale:* Größe und Figur ähnlich Graureiher, aber Hals und Beine etwas länger. Das Gefieder ist immer rein weiß. Der Schnabel ist zur Brutzeit schwärzlich mit gelber Basis, zum Auge hin bläulich. Außerhalb der Brutzeit ist der Schnabel leuchtend gelb. Der Silberreiher hat keine Schmuckfedern am Kopf. *Stimme:* Leise krächzende Rufe am Brutplatz. *Verhalten:* Wartet wie der Graureiher an den Ufern von Gewässern oder auf Wiesen auf Beutetiere. *Lebensraum:* Seen und Teiche, zunehmed auch an Fließgewässern. *Vorkommen:* War der Silberreiher noch vor 40 Jahren ein extrem seltener Gast in Deutschland, so ist er durch die starke Zunahme in Südosteuropa inzwischen ein häufiger Jahresgast, seit kurzem auch Brutvogel in Ostdeutschland. In unserem Raum vereinzelt Gast, so etwa im NSG Pleidelsheimer Wiesental. *Wanderungen:* Vorwiegend Jahresvogel *Nahrung:* Fische, Amphibien und Insekten *Brut:* Baut große Nester in Schilfwäldern. Das Gelege besteht aus 3 Eiern.

Purpurreiher

Größe: Etwas kleiner als Graureiher 70–90 cm *Merkmale:* Dunkler als Graureiher und mehr rotbraun. Altvögel haben einen schwärzlichen Streifen über die Wange und den Hals entlang sowie einen sehr dunklen rotbraunen Bauchfleck. Jungvögel sind heller rotbraun und am Rücken nicht grau. *Stimme:* Ähnlich Graureiher „krrek", klingt weniger krächzend, eher etwas hölzern. *Verhalten:* Viel heimlicher als der Graureiher. Hält sich oft in dichtem Röhricht versteckt. *Lebensraum:* Seen und Teiche mit großen Schilfwäldern. *Vorkommen:* In Deutschland nur lokaler, sehr seltener Brutvogel, beispielsweise in Waghäusel. In unserem Raum sehr seltener, unregelmäßiger Durchzügler, z.B Wernauer Neckartal, meistens im Mai und August. *Wanderungen:* Purpurreiher ziehen im August–September ins tropische Afrika und kehren im April wieder zurück. *Nahrung:* Fische, Amphibien und Insekten *Brut:* Baut große Nester am Boden in Schilfwäldern. Das Gelege besteht aus 4 bis 5 Eiern.

Seidenreiher

Größe: Fast nur halb so groß wie Silberreiher 55–65 cm *Merkmale:* Dieser kleine, weiße Reiher ist am besten an den gelben Zehen erkennbar. Der Schnabel ist fast immer ganz schwarz, zur Brutzeit etwas gelblich an der Basis. Alte Seidenreiher haben im Sommer zwei Schmuckfedern am Kopf. *Stimme:* Ein gedehnter, an Krähen erinnernder Ruf ist von auffliegenden Seidenreihern manchmal zu hören. *Verhalten:* Lockt kleine Fische mit zitternden Bewegungen der gelben Zehen an. Rennt im flachen Wasser oft hektisch umher, bevor er mit dem Schnabel zustößt. *Lebensraum:* Seen, Teiche und Fließgewässer mit Flachwasserzonen. *Vorkommen:* In Deutschland bisher nur ausnahmsweise Brutvogel. Die Zahl der Sommergäste nimmt aber seit Jahren zu. In unserem Raum bisher nur sehr seltener, unregelmäßiger Gast in den Sommermonaten. *Wanderungen:* Zieht im Winter meistens in den Mittelmeerraum oder nach Nordafrika. *Nahrung:* Fische, Amphibien und Insekten *Brut:* Baut Nester in Bäume, oft in Graureiherkolonien. Das Gelege besteht aus 3 bis 5 Eiern.

Graureiher
R – Hochberg Juni 2010

Purpurreiher
🌐 – Kuwait September 2008

Silberreiher
R – Hochberg Dezember 2009

Seidenreiher
R – Freiberg Mai 2011

161

Nachtreiher

Größe: Etwa so groß wie Seidenreiher 58–65 cm **Merkmale:** Der Nachtreiher ist ein kleiner, untersetzter Reiher. Altvögel haben eine schwarze Kopfkappe und einen schwarzen Rücken. Altvögel habe zwei weiße Schopffedern, rote Augen und gelbe Beine. Jungvögel sind braun und weißlich gepunktet. **Stimme:** Unverkennbarer Ruf ist ein „quak", das ihm seinen holländischen Namen eingebracht hat. **Verhalten:** Sitzt den Tag über gut verborgen in der Deckung. Verläßt erst in der Dämmerung die Kolonie oder den Tagesrastplatz. **Lebensraum:** Teiche, Seen und langsam fließende Gewässer mit dichter Ufervegetation. **Vorkommen:** In Deutschland seltener Durchzügler in den Sommermonaten und sehr seltener, lokaler Brutvogel, so auch in unserem Raum am Max–Eyth–See und im NSG Pleidelsheimer Wiesental. **Wanderungen:** Zieht im Winterhalbjahr ins tropische Afrika. **Nahrung:** Fische, Insekten, Würmer **Brut:** Baut Nester gern in Kolonien von Graureihern. Das Gelege besteht aus 3 bis 4 Eiern.

Zwergdommel

Größe: Nur taubengroß 33–38 cm **Merkmale:** Die Männchen dieses sehr kleinen Reihers haben einen schwarzen Rücken und schwarze Flügel mit großen rahmweißen Flügeldecken. Die Weibchen und die Jungvögel sind bräunlicher. **Stimme:** Das Männchen balzt mit langen Serien kurzer bellender „wru"–Rufe. **Verhalten:** Die Zwergdommel ist unverkennbar, wenn sie im Rohrwald klettert oder mit leichten, schnellen Flügelschlägen den Standort wechselt. **Lebensraum:** Teiche, Seen und langsam fließende Gewässer mit Schilf. **Vorkommen:** In Deutschland in den letzten 50 Jahren starke Bestandseinbußen. Nur noch seltener, lückenhaft verbreiteter Brutvogel. In unserem Raum ehemaliger Brutvogel im NSG Pleidelsheimer Wiesental. In den letzten Jahren einzelne Brutpaare im NSG Wernauer Neckartal. **Wanderungen:** Zwergdommeln fliegen im August–September ins tropische Afrika und kehren im Mai wieder zurück. **Nahrung:** Fische, Kaulquappen, Würmer, Insekten. **Brut:** Baut Nester am Boden in dichter Vegetation. Das Gelege besteht aus 3–4 Eiern.

Rallenreiher

Größe: Kleiner als Nachtreiher 40–49 cm **Merkmale:** Ein untersetzter Vogel wie der Nachtreiher, der aufgrund seiner orangebraunen Färbung im Schilf kaum auffällt. Auffallend sind aber im Fluge die leuchtend weißen Flügel und der weiße Schwanz. **Stimme:** Unauffälliges entenähnliches Quaken. **Verhalten:** Steht oft gut verborgen in der Ufervegetation und lauert auf Beute. Oft in Gesellschaft von anderen Reihern. **Lebensraum:** Seen, Teiche und langsam fließende Gewässer mit üppiger Ufervegetation. **Vorkommen:** Der Rallenreiher ist eine mediterrane Art. In Deutschland ist er ein sehr seltener, unregelmäßiger, nicht alljährlicher Gast. In unserem Raum wohl nur 4 Nachweise (1964 bis 2008). **Wanderungen:** Rallenreiher verbringen das Winterhalbjahr im tropischen Afrika. **Nahrung:** Insekten, Amphibien, Fische **Brut:** Baut Nester meistens in den Kolonien anderer Reiher. Das Gelege besteht aus 3 bis 5 Eiern.

Rohrdommel

Größe: Größer als Nachtreiher 69–81 cm **Merkmale:** Die Rohrdommel ist ein mittelgroßer, untersetzter, vorwiegend brauner Reiher. Durch die Strichelung des Gefieders ist der Vogel im Rohrwald sehr gut getarnt. **Stimme:** Die tiefen, kilometerweit hörbaren Balzrufe „üh–wuuhmp" haben der Rohrdommel den Namen „Moorochse" eingebracht. Gelegentlich sind von fliegenden Rohrdommeln tiefe kreischende Rufe zu hören. **Verhalten:** Rohrdommeln sind schwer zu beobachten, am ehesten, wenn sie an den Rand von Schilfflächen kommen oder fliegen. **Lebensraum:** Seen und Teiche mit ausgedehnten Rohrwäldern, im Winter auch auf Wiesen und Weiden mit Gebüsch an kleinen Fließgewässern. **Vorkommen:** In Deutschland seltener Brutvogel, vorwiegend im Norden. Seltener Wintergast auch in Süddeutschland. In unserem Raum inzwischen extrem seltener Ausnahmegast. **Wanderungen:** Jahresvogel und Winterflüchter **Nahrung:** Fische, Amphibien, Insekten **Brut:** Baut Nester am Boden großer Rohrwälder. Das Gelege besteht aus 4 bis 5 Eiern.

Nachtreiher
R – Pleidelsheim Juli 2011

Rallenreiher
– Kuwait September IX

Zwergdommel
– Spanien Mai 2008

Rohrdommel
– Kuwait August 2008

Weißstorch

Größe: Größer als Graureiher 95–105 cm **Merkmale:** Der weiße Vogel mit den schwarzen Schwungfedern und dem roten Schnabel ist unverkennbar. *Stimme:* Am Brutplatz Schnabelklappern zur Begrüßung. Auf kurze Entfernung ist davor oft ein Fauchen zu hören. *Verhalten:* Fliegt mit ausgestrecktem Hals. Sucht auf offenen Flächen nach Nahrung. *Lebensraum:* Offene Landschaft mit Wiesen, Weiden, Äckern und Feuchtwiesen *Vorkommen:* In Deutschland verbreiteter Brutvogel in Niedrungsgebieten, vor allem in Norddeutschland. In unserem Raum einige Brutpaare, teilweise nur aufgrund von Ansiedlungsprojekten. Außerdem seltener Durchzügler im März–April und August–September. *Wanderungen:* Als Langstreckenzieher fliegen Weißstörche teilweise bis nach Südafrika, oft in großen Scharen. *Nahrung:* Heuschrecken, Regenwürmer, Mäuse, Amphibien und Fische. *Brut:* Baut auf ihm angebotenen Nestunterlagen (z.B. Wagenräder auf Dächern) oft riesige Horste, die jahrzehntelang vergrößert werden. Das Gelege besteht aus 3 bis 5 Eiern.

Fischadler

Größe: Noch größer als Rotmilan (S. 108) 52–60 cm **Merkmale:** Dieser sehr große Greifvogel erinnert mit der schwarzbraunen Oberseite und der weißen Unterseite an sehr große Möwen. Jungvögel sind auf der Oberseite hell geschuppt und haben einen gleichmäßiger gebänderten Schwanz. *Stimme:* Am Brutplatz weit hallend „kie–kie–kie". Durchzügler sind stumm. *Verhalten:* Kreist über Seen, Teichen oder Flüssen und stößt mit den Fängen voraus ins Wasser, um Fische zu erbeuten. Dabei taucht der Fischadler ganz unter Wasser. *Lebensraum:* Feuchtgebiete aller Art. *Vorkommen:* In Deutschland Brutvogel vor allem im Osten. Mit intensiven Schutzmaßnahmen wurde ein solider Bestand erreicht, der jetzt auch zu Neuansiedlungen im Westen geführt hat. *Wanderungen:* Fischadler ziehen im September ins tropische Afrika und kehren ab März zurück. *Nahrung:* Fast nur Fische *Brut:* Baut Horste in Bäumen oder auf Masten mit Nestunterlagen. Das Gelege besteht aus 3 Eiern.

Schwarzstorch

Größe: Kleiner als Weißstorch 86–105 cm **Merkmale:** Altvögel sind auf Rücken und Hals tief schwarz mit grünem Metallglanz. Nur die Unterseite ist weiß. Schnabel und Beine sind leuchtend rot. Jungvögel sind matt schwarzbraun mit dunklem Schnabel. *Stimme:* Im Fluge manchmal pfeifende Rufe *Verhalten:* Ähnlich Weißstorch, aber sehr scheu und störanfällig, vor allem im Brutgebiet. *Lebensraum:* Offene Laub– und Mischwälder mit Bächen und Feuchtwiesen. Zur Zugzeit auch in offenem Gelände. *Vorkommen:* In Deutschland hat sich der Bestand durch umfangreiche Schutzmaßnahmen sehr gut erholt. In unserem Raum hat sich die Zahl der immer noch seltenen Durchzügler im Mai und im August entsprechend auch etwas erhöht. *Wanderungen:* Zieht etwa wie der Weißstorch bis Südafrika, allerdings nicht in großen Scharen. *Nahrung:* Fische, Amphibien, Insekten *Brut:* Baut große Nester, oft hoch in alte Bäume. Das Gelege besteht aus 3 bis 5 Eiern.

Seeadler

Größe: Ein riesiger Adler, größer als Steinadler (S. 94) 76–92 cm **Merkmale:** Alte Seeadler sind an dem ziemlich hellen, braunen Gefieder, dem gelben Schnabel und dem weißen Schwanz zu erkennen. Die Schwanzfedern der jungen Seeadler sind mehrere Jahre lang dunkel mit zunehmend weißen Zentren. Das Gefieder ist schwärzlicher und die Schnäbel dunkel. Die kreisenden Seeadler haben brettartige Flügel. *Stimme:* Am Brutplatz jauchzende und gackernde Rufe *Verhalten:* Viele Stunden des Tages passiv. Kreist viel weniger als Steinadler. *Lebensraum:* Seen und Küstengewässer *Vorkommen:* In Deutschland Brutvogel vor allem im Osten. Mit intensiven Schutzmaßnahmen wurde ein solider Bestand erreicht, der jetzt auch zu Neuansiedlungen im Westen führen könnte. *Wanderungen:* Jahresvogel. Nordosteuropäische Seeadler ziehen teilweise nach Mitteleuropa. *Nahrung:* Fische, Säugetiere, Vögel und Aas. *Brut:* Baut riesige Horste auf Bäume. Das Gelege besteht aus 2 Eiern.

Weißstorch
R – Aldingen Mai 2011

Schwarzstorch
🌍 – Sinai Oktober 2008

Fischadler
🌍 – USA Mai 2012

Seeadler
🌍 – Japan Februar 2004

Flußuferläufer

Größe: Knapp drosselgroß 19–21 cm *Merkmale:* Der Flußuferläufer gehört zu den Limikolen, den Schnepfen im weiteren Sinn. Kopf, Brust und die Oberseite sind graubraun gefärbt, ganz fein hell gezeichnet. Die Unterseite ist weiß. Im Fluge ist ein weißer Flügelstreif zu sehen. Der Schwanz ragt beim stehenden Vogel etwa 4 cm über die Flügelspitze hinaus. *Stimme:* Unverkennbar „ssi-didieh". *Verhalten:* Trippelt oft am Ufer von Teichen, Seen, Bächen und Flüssen entlang. Fliegt kennzeichnend mit flachen Flügelschlägen dicht über das Wasser. *Lebensraum:* Ufer von Bächen und Flüssen mit wenig Vegetation. *Vorkommen:* In Deutschland als Brutvogel aufgrund der Flußbegradigungen sehr selten geworden. In unserem Raum ehemaliger Brutvogel, heute regelmäßiger Durchzügler im Mai und August–September, manchmal bis 5 Exemplare. Vereinzelt im Winter. *Wanderungen:* Zieht im Winter ins tropische Afrika und kehrt Ende April zurück. *Nahrung:* Insekten, Würmer, Larven *Brut:* Dreht einfache Mulden im Kies. Das Gelege besteht aus 4 Eiern.

Waldwasserläufer

Größe: Etwas größer als Flußuferläufer 20–24 cm *Merkmale:* Größer, hochbeiniger und viel dunkler als Flußuferläufer. Der Rücken ist schwärzlich braun und auch Kopf und Brust sind sehr dunkel. Der weiße Bauch sieht aus wie in Milch getaucht. Der weiße Bürzel und die schwarzen Unterflügel erinnern an Mehlschwalbe (S. 38). Der Schwanz trägt schwarze Endbinden. *Stimme:* Reihe hoher melodischer Pfiffe „witi–ploeit–witit" *Verhalten:* Sucht an Ufern von Gewässern nach Nahrung. *Lebensraum:* Brütet in feuchten Bruch– und Auwäldern. Auf dem Zug an Ufern von Seen, Teichen und Flüssen. *Vorkommen:* In Deutschland seltener Brutvogel im Nordosten. In unserem Raum regelmäßiger Durchzügler und Gast im März–April und August–September, vereinzelt im Winter. *Wanderungen:* Zieht bis ins tropische Afrika, einige Individuen überwintern aber sogar in Mitteleuropa. *Nahrung:* Insekten, Würmer, manchmal kleine Fische. *Brut:* Brütet in alten Nestern von Drosseln, gelegentlich Eichelhähern. Das Gelege besteht aus 4 Eiern.

Drosseluferläufer

Größe: Wie Flußuferläufer 19–21 cm *Merkmale:* Dem Flußuferläufer extrem ähnlich. Zur Brutzeit mit an Drosseln (S. 48) erinnernden Flecken auf der Unterseite. Im Winterhalbjahr sehr schwer vom Flußuferläufer zu unterscheiden: der Schwanz ragt nur knapp 2 Zentimeter über die Flügelspitze hinaus, die Beine sind gelber und der Flügelstreif ist etwas länger. *Stimme:* Ähnlich Flußuferläufer, manchmal einfach „kip". *Verhalten:* Wie Flußuferläufer *Lebensraum:* Sehr ähnlich Flußuferläufer *Vorkommen:* Der Drosseluferläufer ersetzt den Flußuferläufer in Nordamerika. Einige wenige fliegen wohl jedes Jahr über den Atlantik. Mit gut einem Dutzend Nachweisen in ganz Deutschland ist der Drosseluferläufer, der im Mai/1986 an der Holzbachmündung/Aldingen festgestellt wurde, eine der seltensten Arten, die je in unserem Raum gesehen worden sind. *Wanderungen:* Drosseluferläufer ziehen zur Überwinterung nach Südamerika *Nahrung:* Insekten, Würmer, Larven *Brut:* Dreht einfache Mulden im Kies. Das Gelege besteht aus 4 Eiern.

Bruchwasserläufer

Größe: Etwas kleiner als Waldwasserläufer 19–21 cm *Merkmale:* Kleiner und heller braun als Waldwasserläufer. Fließender Übergang zwischen bräunlicher Brust und heller Unterseite. Unterflügel hell bräunlich. *Stimme:* Kennzeichnend „jiff–jiff–jiff". *Verhalten:* Sucht auf Schlickflächen und an Ufern von Tümpeln und Teichen nach Nahrung. *Lebensraum:* Brutvogel in feuchten Mooren Skandinaviens und Russlands. Auf dem Zug an Gewässern mit Flachwasserzonen. *Vorkommen:* In Deutschland sehr seltener, unregelmäßiger Brutvogel im Nordosten. Als Durchzügler stellenweise recht zahlreich. In unserem Raum seltener Durchzügler im Mai und August, im Bereich Zugwiesen voraussichtlich regelmäßig. *Wanderungen:* Bruchwasserläufer ziehen im August–September ins tropische Afrika und kehren Ende April wieder zurück. *Nahrung:* Insekten, andere Wirbellose und Würmer *Brut:* Brütet teilweise gut versteckt am Boden, aber auch in Drosselnestern. Das Gelege besteht aus 4 Eiern.

Flußuferläufer
R – Öffingen Mai 2011

Drosseluferläufer
🌍 – USA August 1990

Waldwasserläufer
R – Zugwiesen April 2012

Bruchwasserläufer
R – Zugwiesen September 2012

Rotschenkel

Größe: Größer als Waldwasserläufer 24–27 cm *Merkmale:* Größer und kräftiger als Waldwasserläufer. Oberseits hellbraun mit dunklen Flecken (Federzentren). Unterseite heller. Schnabel und Beine leuchtend rot. Fliegende Rotschenkel fallen durch einen weißen Keil auf dem Rücken und breite weiße Ränder an den Flügeln auf. *Stimme:* Typische Rufreihe: weich „tjü–dü–düüh" *Verhalten:* Sucht vorwiegend auf großen Schlickflächen oder feuchten Wiesen nach Nahrung. *Lebensraum:* Feuchte Wiesen und Weiden sowie Marschland. *Vorkommen:* In Deutschland noch verbreiteter Brutvogel im Küstenbereich, nur noch sehr lokal im Binnenland. In unserem Raum sehr unregelmäßiger Durchzügler in den Sommermonaten. *Wanderungen:* Rotschenkel ziehen im Winter in den Mittelmeerraum, überwintern aber auch an der Küste der Deutschen Bucht. *Nahrung:* Krebse, Muscheln, Schnecken und Würmer *Brut:* Dreht Nestmulden am Boden. Das Gelege besteht aus 4 Eiern.

Grünschenkel

Größe: Größer als Rotschenkel 30–34 cm *Merkmale:* Viel größer als Rotschenkel, oberseits grau mit dunklen Flecken (Federzentren), unterseits hell mit graubräunlichen Stricheln. Kräftiger, leicht nach oben gebogener Schnabel. Im Fluge fällt ein großer weißer Keil auf dem Rücken auf. *Stimme:* Typische Rufreihe: hart „tjütjütjüt" *Verhalten:* Sucht am flachen Ufer von Feuchtgebieten aller Art nach Nahrung. *Lebensraum:* Brutvogel in Mooren, Tundren und sehr offenen Wäldern von Schottland bis Russland. Außerhalb der Brutzeit auf Schlickflächen und Flachwasserzonen. *Vorkommen:* In Deutschland zahlreiche Durchzügler an der Küste; regelmäßig, aber in geringerer Zahl im Binnenland. In unserem Raum regelmäßiger, aber bisher seltener Durchzügler im April–Mai und August–September, im Bereich der Zugwiesen voraussichtlich regelmäßig. *Wanderungen:* Grünschenkel ziehen im Winterhalbjahr bis ins südlichste Afrika. *Nahrung:* Insekten, Würmer, Krebse *Brut:* Brütet am Boden in dichter Vegetation. Das Gelege besteht aus 4 Eiern.

Dunkelwasserläufer

Größe: Größer als Rotschenkel 29–33 cm *Merkmale:* Dem Rotschenkel ähnlich, aber größer, langschnäbliger und hochbeiniger. Nur zur Brutzeit sehr dunkel, teilweise schwarz, im Herbst und Winter aber oberseits sehr hellgrau und unterseits weißlich. Im Fluge ist auf dem Rücken eine weiße ovale Fläche sehr auffällig. *Stimme:* Typischer Ruf „tjuitt" *Verhalten:* Sucht in Mitteleuropa auf Schlickflächen und in Flachwasserbereichen nach Nahrung. *Lebensraum:* Brütet im hohen Norden von Skandinavien und Russland auf offenen moorigen Flächen. *Vorkommen:* In Deutschland regelmäßiger Durchzügler, vor allem an der Küste, in geringeren Zahlen auf Feuchtgebieten mit Schlickflächen im Binnenland. In unserem Raum selten, im Bereich Zugwiesen in Zukunft vielleicht regelmäßig. *Wanderungen:* Dunkle Wasserläufer ziehen im Winterhalbjahr in den Mittelmeerraum und die Nordhälfte Afrikas. *Nahrung:* Insekten, Würmer, Krebse, Schnecken und Muscheln. *Brut:* Brütet am Boden in dichter Vegetation. Das Gelege besteht aus 4 Eiern.

Teichwasserläufer

Größe: Viel kleiner als Grünschenkel 22–25 cm *Merkmale:* Der Teichwasserläufer ähnelt dem Grünschenkel, ist aber kleiner, schlanker, hochbeiniger und dünnschnäbliger. Wie beim Grünschenkel fällt beim fliegenden Vogel ein weißer Keil auf dem Rücken auf. *Stimme:* Dem Grünschenkel entfernt ähnlich, weicher „tjitjitji" *Verhalten:* Ähnlich Grünschenkel, aber oft mit merklich schnelleren und hektischeren Bewegungen. *Lebensraum:* Brütet in sehr offenen Feuchtwiesen, oft am Rande von Steppen in weiten Teilen Asiens. Zur Brutzeit an flachen Teichen oder Seeufern. *Vorkommen:* In Deutschland sehr seltener Ausnahmegast, der 2012 überraschenderweise in Schleswig–Holstein gebrütet hat, erstmals in Deutschland. In unserem Raum extrem seltener Ausnahmegast (NSG Pleidelsheimer Wiesental). *Wanderungen:* Die asiatischen Brutvögel ziehen im Winterhalbjahr in größerer Zahl ins tropische Afrika. *Nahrung:* Insekten, Krebse, Muscheln, Schnecken. *Brut:* Brütet am Boden in dichter Vegetation. Das Gelege besteht aus 4 Eiern.

Rotschenkel
🌍 – Türkei Juni 2007

Dunkelwasserläufer
🌍 – Kuwait März 2007

Grünschenkel
🌍 – Zugwiesen April 2012

Teichwasserläufer
R – Kenia Januar 1983

Flußregenpfeifer

Größe: Etwas größer als Bachstelze (S. 74) 16–18 cm *Merkmale:* Regenpfeifer sind Limikolen mit kurzem Schnabel und hohen Beinen. Der Flußregenpfeifer ist oberseits sandbraun, unterseits weiß und hat auffällige schwarze Streifen am Kopf. Kennzeichnend ist ein leuchtender gelber Augenring und im Fluge der einfarbig braune Flügel. Bei Jungvögeln sind die Streifen an Kopf und Brust bräunlich. *Stimme:* Typisch ist ein kurzer abwärts gerichteter Ruf: „diüh". Am Brutplatz sind teilweise melodische oder auch hart kratzende Rufreihern zu hören. *Verhalten:* Sucht gut getarnt am Ufer von Gewässern nach Nahrung, oft auf Kiesflächen. *Lebensraum:* Mit Kies und teilweise Sand bedeckte Ufer von Flüssen, Bächen, Seen und Teichen. *Vorkommen:* In Deutschland lückenhaft vebreiteter Brutvogel. In unserem Raum nur noch unregelmäßiger Brutvogel, im Bereich Zugwiesen aber zu erwarten. Alljährlicher seltener Durchzügler. *Wanderungen:* Flußregenpfeifer ziehen im September ins tropische Afrika und kehren im April wieder zurück. *Nahrung:* Insekten, Schnecken, Würmer. *Brut:* Dreht Mulden am Boden. Das Gelege besteht aus 4 Eiern.

Säbelschnäbler

Größe: Größer als Grünschenkel (S. 168) 42–46 cm *Merkmale:* Schnabel und Färbung sind unverkennbar. *Stimme:* Typischer Ruf: „klütt–klütt" *Verhalten:* Sucht in Flachwasserbereichen mit Seitwärtssäbeln, seitlichen Schnabelbewegungen, nach Nahrung, manchmal auch gründelnd wie Gründelenten. Oft größere Gemeinschaften. *Lebensraum:* Flachwasserzonen an der Küste, an Lagunen und Salinen. *Vorkommen:* In Deutschland lokaler Brutvogel, teilweise Bestandszunahmen wie auf Sylt, im Dollart oder in der Leybucht. In unserem Raum wie in ganz Süddeutschland extrem seltener Ausnahmegast (Vördere/Kornwestheim und NSG Pleidelsheim 1983). *Wanderungen:* An der Küste Jahresvogel, zieht als Winterflüchter bis nach Nord-afrika. *Nahrung:* Krebse und Mollusken *Brut:* Dreht Mulden am Boden. Das Gelege besteht aus 4 Eiern.

Sandregenpfeifer

Größe: Etwas größer als Flußregenpfeifer 17–19 cm *Merkmale:* Dem Flußregenpfeifer sehr ähnlich, unbedeutend größer, mit rötlichen Beinen und teilweise orangefarbenem Schnabel. Kein Augenring. Im Fluge mit weißem Flügelstreif. *Stimme:* Typischer Ruf: ansteigend „düip". Am Brutplatz melodische Rufreihen. *Verhalten:* Sucht an sandigen oder schlammigen Ufern von Seen und an der Küste nach Nahrung. *Lebensraum:* Sandige Flächen, meistens an der Küste, ausnahmsweise an Ufern großer Flüsse oder Seen. *Vorkommen:* In Deutschland regelmäßiger, aber recht seltener Brutvogel an der Nord– und Ostsee, aber häufiger Durchzügler. In unserem Raum seltener und unregelmäßiger Durchzügler von April bis Oktober. *Wanderungen:* Die Brutvögel Nordskandinaviens und Russlands ziehen teilweise bis Südafrika, manche überwintern in der Deutschen Bucht. *Nahrung:* Insekten, Krebse, Schnecken, Würmer. *Brut:* Dreht Mulden am Boden. Das Gelege besteht aus 4 Eiern.

Stelzenläufer

Größe: Kleiner als Säbelschnäbler 33–38 cm *Merkmale:* Unverkennbar aufgrund der extrem langen Beine und der auffälligen Schwarz–Weiß–Zeichnung. *Stimme:* Am Brutplatz kratzende Rufe „krit–krit", auch weichere Rufreihen „kjük–kjük–kjük" *Verhalten:* Steht bei der Nahrungssuche oft in recht tiefem Wasser, das für andere Limikolen unzugänglich ist. Pickt Insekten oft von der Wasseroberfläche. *Lebensraum:* Wasserflächen an der Küste, an Lagunen und Salinen, oft mit sandigem Ufer. *Vorkommen:* In Deutschland seltener und unregelmäßiger Brutvogel, in den letzten Jahren zunehmend. Ansonsten extrem seltener Gast. In unserem Raum nur eine Feststellung (Holzbachmündung Mai 1997). *Wanderungen:* Wandert im Winter in den Mittelmeerraum und nach Afrika *Nahrung:* Insekten, Krebse, kleine Fische. *Brut:* Dreht sehr einfache Mulden auf dem Sandboden. Das Gelege besteht aus 4 Eiern.

Flußregenpfeifer
R – Zugwiesen April 2012

Sandregenpfeifer
🐦 – Kuwait März 2007

Säbelschnäbler
🐦 – Leybucht Juni 2006

Stelzenläufer
🐦 – Mallorca Mai 1989

Bekassine

Größe: Gut amselgroß 23–28 cm *Merkmale:* Die Bekassine ist eine Schnepfe im engeren Sinn (Gemeine Sumpfschnepfe). Durch das braune Gefieder mit den hellen Streifen ist die Bekassine in ihrem normalen Lebensraum mit Schilf und Grasbüscheln sehr gut getarnt. Kennzeichnend ist beim fliegenden Vogel der weiße Rand von Schwanz und Flügeln sowie der weiße Bauch. Der Schnabel ist normalerweise besonders lang. *Stimme:* Am Brutplatz ist ein eigentümliches Meckern zu hören, das der Bekassine den alten Namen „Himmelsziege" eingebracht hat. Dabei bringt der Wind im Sturzflug die Schwanzfedern lautstark zum Vibrieren. Typischer Ruf beim Auffliegen „ähtsch". *Verhalten:* Stochert mit dem langen Schnabel im Uferschlamm von Teichen und Flußufern. *Lebensraum:* Feuchte Stellen in Rieden und Mooren. *Vorkommen:* In Deutschland als Brutvogel zunehmend selten. In unserem Raum ehemaliger Brutvogel und regelmäßiger, seltener Durchzügler. *Wanderungen:* Kurzstreckenzieher, teilweise Überwinterer in Süddeutschland *Nahrung:* Würmer, Schnecken, Insektenlarven *Brut:* Baut Nester versteckt in Bodenvegetation. Das Gelege besteht aus 4 Eiern.

Doppelschnepfe

Größe: Etwas größer als Bekassine 26–30 cm *Merkmale:* Der Bekassine sehr ähnlich. Geringfügig größer, schwerfälliger und kurzschnäbliger. Im Fluge ohne hellen Flügelhinterrand, mit mehr Weiß am Schwanz und stärker gebänderter Unterseite. *Stimme:* Am Brutplatz zwitschernde hohe Balzlaute. Beim Abfliegen ein leiser Doppelruf „ätschätsch". *Verhalten:* Ähnlich Bekassine, aber träger und manchmal weniger scheu. *Lebensraum:* Ähnlich Bekassine *Vorkommen:* In Deutschland als Brutvogel seit Jahrzehnten verschwunden. Als Durchzügler überall sehr selten. In unserem Raum 2 Nachweise (Vördere 1937/1989). *Wanderungen:* Die Brutvögel Skandinaviens und Sibiriens ziehen im August–September nach Ostafrika. Sie kehren im April–Mai zurück. *Nahrung:* Würmer, Schnecken, Insektenlarven *Brut:* Baut Nester versteckt in Bodenvegetation. Das Gelege besteht aus 4 Eiern.

Zwergschnepfe

Größe: Viel kleiner als Bekassine 18–20 cm *Merkmale:* Der Bekassine ähnlich, aber kleiner und viel kurzschnäbliger. Die hellen Rückenstreifen sind auffällig. Der doppelte Überaugenstreif ist selten zu sehen. Verläßt sich auf ihre Tarnfärbung und flüchtet oft erst auf einen Meter Entfernung. Der Flug erinnert an eine Fledermaus. *Stimme:* Der Balzgesang am Brutplatz klingt wie Pferdegetrappel. Ruft selten „atsch" beim Auffliegen. *Verhalten:* Sich ganz auf die Tarnfärbung zu verlassen und erst auf kürzeste Entfernung zu fliehen, ist in Europa bei keiner anderen Vogelart so ausgeprägt. *Lebensraum:* Moore und sumpfige Taiga in Nordskandinavien und Sibirien. Im Winter an kleinen feuchten Gräben mit etwas stehendem Wasser. *Vorkommen:* In Deutschland als Brutvogel seit Jahrzehnten verschwunden. In unserem Raum vermutlich alljährlicher, seltener Gast, voraussichtlich auch im Bereich Zugwiesen. *Wanderungen:* Die Brutvögel Skandinaviens und Sibiriens ziehen im September bis nach Afrika, überwintern aber gelegentlich in Mitteleuropa. *Nahrung:* Würmer, Schnecken, Insektenlarven *Brut:* Baut Nester versteckt in Bodenvegetation. Das Gelege besteht aus 4 Eiern.

Waldschnepfe

Größe: Etwa taubengroß 33–38 cm *Merkmale:* Aufgrund der Größe und der vorwiegend nächtlichen Lebensweise kaum mit den kleineren Schnepfen zu verwechseln. *Stimme:* Am Brutplatz sind beim Balzflug abwechselnd extrem tiefe brummende Rufe, „burrt–burrt–burrt", und einzelne sehr hohe Rufe, „pfuitz", zu hören. *Verhalten:* Beobachtungen abseits der Brutplätze sind seltene Ausnahmen. *Lebensraum:* Brütet in alten Wäldern mit nassen Gräben. *Vorkommen:* In Deutschland verbreiteter Brutvogel in feuchten Wäldern. In unserem Raum vermutlich unregelmäßiger Brutvogel. Aufgrund der genannten Besonderheiten gelingen Feststellungen nur sehr selten. *Wanderungen:* Waldschnepfen ziehen im Herbst bis Nordafrika. *Nahrung:* Regenwürmer, Insektenlarven, Tausendfüßler *Brut:* Baut Nester versteckt am Boden neben Bäumen und zwischen Bodenvegetation. Das Gelege besteht aus 4 Eiern.

Bekassine
– Korsika April 1996

Zwergschnepfe
– Sachsen Januar 2005

Doppelschnepfe
– Kuwait Mai 2009

Waldschnepfe
R – Ludwigsburg Oktober 2010

Alpenstrandläufer

Größe: So groß wie Flußuferläufer 17–21 cm *Merkmale:* Kleiner Schnepfenvogel, oft schwer bestimmbar: Schnabel und Gefieder äußerst variabel. Im Brutkleid mit rotbraunem Rücken und schwarzem Bauchschild. *Stimme:* „dschirb" *Verhalten:* Stochert auf Schlickflächen am Wattenmeer oder im Binnenland nach Nahrung, oft in Schwärmen. *Lebensraum:* Feuchtwiesen, Tundra, Moore *Vorkommen:* In Deutschland seltener Brutvogel an der Küste, aber häufiger Durchzügler. In unserem Raum sehr selten in den Sommermonaten. *Wanderungen:* Skandinavische Vögel ziehen bis nach Nordafrika. *Nahrung:* Insekten und Würmer *Brut:* Baut Nester am Boden. Das Gelege besteht aus 4 Eiern.

Zwergstrandläufer

Größe: Kleiner als Alpenstrandläufer 14–16 cm *Merkmale:* Kleiner Strandläufer mit knapp kopflangem, geradem Schnabel. Oberseits grau oder bräunlich mit hellen Federrändern. Zur Brutzeit mehr rotbräunlich. Unterhalb der Kehle grau oder rötlich. Im Flug graue Schwanzkanten. Beine schwarz. *Stimme:* „tititrik" *Verhalten:* Ähnlich Alpenstrandläufer. *Lebensraum:* Brütet an Küsten des Eismeers. *Vorkommen:* In Deutschland regelmäßiger Durchzügler. In unserem Raum selten, im Bereich Zugwiesen zu erwarten. *Wanderungen:* Zieht bis Südafrika. *Nahrung:* Insekten, kleine Würmer *Brut:* Baut Nester auf kargem Boden. Das Gelege besteht aus 4 Eiern.

Sanderling

Größe: So groß wie Alpenstrandläufer 17–21 cm *Merkmale:* Ähnlich Zwergstrandläufer, Schnabel kürzer, Beine schwarz, deutlich größer. Im Winter weißlich hellgrau, im Sommer dunkler mit rötlichbrauner Brust. *Stimme:* „klit" *Verhalten:* Rennt sehr schnell auf Sandstrand. *Lebensraum:* Brütet auf kargen Inseln des Eismeers, im Winter an Sandstränden. *Vorkommen:* In Deutschland häufiger Gast an der Küste, sehr selten im Binnenland. In unserem Raum sehr seltener Gast. *Wanderungen:* Die Brutvögel aus dem Eismeer ziehen bis nach Südafrika. *Nahrung:* Insekten und Kleinkrebse *Brut:* Brütet auf dem kargen Boden der Eismeerinseln. Das Gelege besteht aus 4 Eiern.

Sichelstrandläufer

Größe: Größer als Alpenstrandläufer 19–22 cm *Merkmale:* Größer, langbeiniger und langschnäbliger als Alpenstrandläufer. Bürzel weiß. Im Brutkleid mit rotbrauner Unterseite. *Stimme:* „trrip" *Verhalten:* Ähnlich Alpenstrandläufer. *Lebensraum:* Tundren des hohen Nordens. *Vorkommen:* Brutvogel im asiatischen Teil Sibiriens. Regelmäßiger Durchzügler in Deutschland. In unserem Raum sehr seltener Durchzügler *Wanderungen:* Die Sichelstrandläufer ziehen aus ihren asiatischen Brutgebieten Ostsibiriens nach Südasien, aber auch über Europa bis nach Südafrika. *Nahrung:* Insekten, Würmer, Krebse *Brut:* Baut Nester am Boden. Das Gelege besteht aus 4 Eiern.

Temminckstrandläufer

Größe: Etwa wie Zwergstrandläufer 14–16 cm *Merkmale:* Ähnlich Zwergstrandläufer, grauer, auch auf der Brust. Im Flug weiße Schwanzkanten. Beine gelblich. *Stimme:* Trillernd: „tirrrr" *Verhalten:* Oft Einzelgänger auf kleinen Tümpeln. *Lebensraum:* Brütet auf Tundren und Seeufern. *Vorkommen:* In Deutschland regelmäßiger Durchzügler in geringer Anzahl, oft abseits der Limikolenschwärme. In unserem Raum seltener Durchzügler, auch im Bereich Zugwiesen. *Wanderungen:* Die Brutvögel aus Skandinavien ziehen bis in den Mittelmeerraum. *Nahrung:* Insekten und deren Larven. *Brut:* Baut Nester auf dem Boden mit wenig Vegetation. Gelege mit 4 Eiern.

Knutt

Größe: Viel größer als Sanderling 23–26 cm *Merkmale:* Größter Strandläufer, ähnlich Sanderling, Schnabel länger. Zur Brutzeit mit rotbrauner Unterseite, sonst grau mit weißlicher Unterseite. *Stimme:* Nasale Flugrufe „nuät–nuät" *Verhalten:* Auf Wattenflächen manchmal riesige Scharen. *Lebensraum:* Brütet im hohen Norden auf den Tundren am Eismeer. *Vorkommen:* In Deutschland an der Küste sehr häufiger Gast und Durchzügler. Im Binnenland extrem selten, so auch in unserem Raum. *Wanderungen:* Wandert im Winterhalbjahr bis Südafrika. *Nahrung:* Insekten, Krebse und Weichtiere *Brut:* Brütet auf dem kargen Boden am Eismeer. DasGelege besteht aus 4 Eiern.

Alpenstrandläufer   – Helgoland Mai 2002

Sichelstrandläufer   **R** – Zugwiesen September 2012

Zwergstrandläufer   – Österreich September 2004

Temminckstrandläufer   – Kuwait April 2007

Sanderling   – Helgoland Mai 2002

Knutt   – Helgoland Oktober 2011

Sumpfläufer

Größe: Etwa so groß wie Alpenstrandläufer 19–21 cm *Merkmale:* Dem Alpenstrandläufer grob ähnlich, aber etwas kleiner, kurzbeiniger und mit an der Spitze deutlicher nach unten „geknicktem" Schnabel. Meistens ist der kräftig schwarzbraun gestrichelte Vogel an dem doppelten Überaugenstreif und den weißen Rückenstreifen gut erkennbar. Im Spätherbst sind Sumpfläufer heller und unauffälliger gefärbt. *Stimme:* Ähnlich Alpenstrandläufer „dschrrb", aber auch kurz „tjäp". *Verhalten:* Oft mit Alpenstrandläufern und anderen Limikolen zusammen auf Schlammflächen, manchmal aber auch Einzelgänger.

Lebensraum: Seltener Brutvogel auf Moorflächen in Nordskandinavien und weiter im Osten Sibiriens. Als Durchzügler auf Watt– und Schlickflächen an der Küste und im Binnenland. *Vorkommen:* In Deutschland sehr seltener Durchzügler, im Osten etwas häufiger. In unserem Raum extrem seltener Durchzügler (NSG Wernau August/1964). *Wanderungen:* Die Sumpfläufer aus dem Norden Eurasiens ziehen im August nach Nordafrika und Südostasien und kehren im Mai zurück. *Nahrung:* Insekten, Kleinkrebse, manchmal Sämereien. *Brut:* Baut Nester am Boden, versteckt zwischen Vegetation. Das Gelege besteht aus 4 Eiern.

Pfuhlschnepfe

Größe: Etwas kleiner als Uferschnepfe (S. 88) 33–41 cm *Merkmale:* Der Uferschnepfe recht ähnlich, aber kleiner, kurzbeiniger und immer mit kürzerem, deutlich aufgeworfenem Schnabel. Im Fluge keine weißen Flügelstreifen und ein eng gebänderter Schwanz. Auf dem Rücken ist oft ein weißer Keil sichtbar. Zur Brutzeit sind Pfuhlschnepfen unterseits kräftig rotbraun gefärbt, im Winterhalbjahr dagegen hell graubraun. *Stimme:* Ruft „kuwikuwi". *Verhalten:* Sucht Nahrung vorwiegend auf dem Schlick am Wattenmeer oder auf Schlickflächen im Binnenland, viel seltener auf Wiesenflächen als die Uferschnepfe.

Lebensraum: Brütet auf Tundren des nördlichen Eurasiens. *Vorkommen:* In Deutschland häufiger Durchzügler und Wintergast an der Küste, im Binnenland regelmäßig, aber sehr selten. In unserem Raum extrem seltener Durchzügler (Vördere/Kornwestheim, NSG Pleidelsheim). *Wanderungen:* Die Pfuhlschnepfen ziehen von ihren hochnordischen Brutgebieten bis nach Südafrika. *Nahrung:* Insekten, Kleinkrebse, Schnecken und Muscheln. *Brut:* Baut Nester in die Bodenvegetation der Tundra. Das Gelege besteht aus 4 Eiern.

Thorshühnchen

Größe: Etwa so groß wie Alpenstrandläufer 20–22 cm *Merkmale:* Das Thorshühnchen gehört mit weltweit 2 weiteren Arten zu den Wassertretern, die einige Besonderheiten aufweisen: sie schwimmen korkleicht auf dem Wasser wie extrem kleine Enten und picken die Nahrung von der Wasseroberfläche. Von ihren Brutplätzen im hohen Norden ziehen sie auf das offene Meer und überwintern beispielsweise auf dem Atlantik. Die weiblichen Wassertreter sind prächtiger gefärbt als die Männchen. Sie balzen, lassen sich von Männchen begatten und legen verschiedenen Männchen die Eier ins Nest, die

jeweils von den Männchen ausgebrütet werden. Zur Brutzeit sind Thorshühnchen sehr bunt, im Winterhalbjahr sehr hell grau gefärbt. *Stimme:* Kurz „tschäp" *Verhalten:* Sehr gute Schwimmer, picken Nahrung von der Wasseroberfläche. *Lebensraum:* Feuchte Tundra in Küstennähe. Im Winterhalbjahr das offene Meer. *Vorkommen:* In Deutschland seltener Durchzügler, meistens an der Küste. In unserem Raum nur Fund eines Verkehrsopfers (Marbach Juni/1971). *Wanderungen:* Zug vom Eismeer auf den Atlantik. *Nahrung:* Insekten, Krebse, Schnecken und kleine Quallen. *Brut:* Baut Nester in Bodenvegetation. Das Gelege besteht aus 4 Eiern.

Sumpfläufer 🌐 – Schweiz Mai 2005

Sumpfläufer **R** – Wernau August 1964

Pfuhlschnepfe 🌐 – Sylt Mai 2007

Pfuhlschnepfe 🌐 – Neuseeland Dezember 2012

Thorshühnchen 🌐 – Alaska Juni 2008

Thorshühnchen 🌐 – Helgoland Oktober 2011

Eisvogel

Größe: Wenig größer als Haussperling 17–19 cm *Merkmale:* Das Bild des unverkennbaren Eisvogels ist allseits bekannt. Wer ihn zum ersten Mal sieht, ist aber oft über die geringe Größe erstaunt. Überraschend ist auch der schnurgerade, schnelle Flug über das Wasser, wobei immer wieder der hellblau glänzende Rücken aufblitzt. *Stimme:* Typischer Ruf: „zip–tieht" *Verhalten:* Eisvögel sind Einzelgänger, die keine Artgenossen im Revier dulden. Von den Sitzwarten aus erbeutet der Eisvogel kleine Fische im Sturzflug, oft nach kurzem Rütteln. *Lebensraum:* Bäche und Seeufer *Vorkommen:* In Deutschland weit verbreitet, meistens nicht häufig. Bei lang anhaltenden tiefen Frostperioden erleiden Eisvögel große Verluste, die sie aber wieder ausgleichen, wenn die Lebensräume das ermöglichen. Solche Bestandsschwankungen sind normal. In unserem Raum seltener Brutvogel (LB etwa 20 Brutpaare) und Durchzügler. *Wanderungen:* Jahresvogel und Teilzieher (Jungvögel) *Nahrung:* Fische, Insekten, Amphibien *Brut:* Gräbt Röhren in stabile Uferwände. Das Gelege besteht aus 6 bis 8 Eiern.

Beutelmeise

Größe: Etwa so groß wie Blaumeise 10–12 cm *Merkmale:* Die nur weitläufig mit unseren übrigen Meisen verwandte Art ist oberseits rotbraun, unterseits hell bräunlich. Auffällig ist der weißliche Kopf mit der schwarzen Maske. *Stimme:* Hoch und gedehnt: „ssieeh", kann mit Rohrammer verwechselt werden, *Verhalten:* Hält sich häufig in Rohrwäldern mit Schilf und Rohrkolben auf, aber ebenso in den Bäumen von Auwäldern. *Lebensraum:* Auwälder und Ufer von Seen und Teichen *Vorkommen:* In Deutschland nur lokal seltener Brutvogel, in den letzten Jahren mit starken Rückgängen. In unserem Raum vereinzelt erfolglose Brutversuche und zunehmend seltener Durchzügler. *Wanderungen:* Kurzstreckenzieher, überwintert in West– und Südeuropa. *Nahrung:* Insekten, Spinnen, Nektar und Pollen *Brut:* Beutelmeisen bauen aus Pflanzenmaterial und Tierhaaren ein kunstvolles, beutelförmiges Nest mit seitlichem Eingang. Das Gelege besteht aus 5 bis 8 Eiern.

Bartmeise

Größe: Etwas kleiner als Haussperling 14–16 cm *Merkmale:* Diese knapp sperlingsgroßen Vögel erinnern an Meisen, sind aber mit diesen nicht näher verwandt. Die langschwänzigen, hellbraunen Schilfbewohner haben dunkle und helle Streifen und sind deshalb im Schilf gut getarnt. Die Männchen sind mit den blaugrauen Köpfen und schwarzen Bartstreifen sehr auffällig. *Stimme:* Typisch nasal: „dschöng" *Verhalten:* Klettern bei der Nahrungssuche fast immer im Schilf, bei Wind dicht am Boden. *Lebensraum:* Ausgedehnte Rohrwälder *Vorkommen:* In Deutschland jahrzehntelang als Brutvogel verschwunden. Wiederbesiedlung ab etwa 1970. Inzwischen weit verbreitet, aber selten. In unserem Raum seltener Gast im Winterhalbjahr. *Wanderungen:* Jahresvogel mit winterlichen Ausbreitungswanderungen *Nahrung:* Insekten, Samen von Schilf und Rohrkolben. *Brut:* Baut Nester im Schilf, meistens dicht am Boden. Das Gelege besteht aus 4 bis 6 Eiern.

Weidenmeise

Größe: Etwa so groß wie Blaumeise 12–13 cm *Merkmale:* Der Sumpfmeise (S. 30) äußerst ähnlich, aber in Süddeutschland in Wohngebieten nicht zu erwarten. Die Weidenmeise hat einen größeren schwarzen Kinnfleck, eine wuchtigere Kopfform (*Stiernacken*) mit mattschwarzer Kopfkappe und einem unscheinbaren hellen Fleck auf dem Flügel. *Stimme:* Der nasale Ruf „däh–däh–däh" ist ein sehr gutes Merkmal um die Weidenmeise von der Sumpfmeise zu unterscheiden. Der Gesang ist viel langsamer als der Gesang der Sumpfmeise.. *Verhalten:* Nahrungssuche in Bäumen *Lebensraum:* Im Tiefland in Au– und Moorwäldern, im Gebirge bis in die Krummholzzone. *Vorkommen:* In Deutschland weit verbreiteter Brutvogel, aber seit Jahren erhebliche Bestandsrückgänge. In unserem Raum ehemaliger Brutvogel, heute auch als Gast fast verschwunden. *Wanderungen:* Jahresvogel, selten Invasionen aus Nordost–Europa. *Nahrung:* Insekten und Spinnen, im Winter auch Samen *Brut:* Vergrößert Baumlöcher, in denen sie brütet. Das Gelege besteht aus 5 bis 9 Eiern.

Eisvogel
R – Öffingen November 2011

Bartmeise
– Neusiedler See August 1973

Beutelmeise
– Kroatien April 1983

Weidenmeise
– Bayern April 2010

179

Sumpfrohrsänger

Größe: Größer als Laubsänger (S. 30) 13–15 cm *Merkmale:* Unauffälliger schlanker Singvogel mit olivbrauner Oberseite, weißer Kehle und hell sandfarbener Unterseite. *Stimme:* Ruft unauffällig „tschäk". Der Gesang, den man auch nachts hören kann, ist äußerst variabel. Sehr hohe gequetschte Laute wechseln mit ratternden Serien und flötenden Tönen ab. Der Gesang enthält fast immer auch Gesangselemente anderer Vogelarten. *Verhalten:* Singt oft ausdauernd und bleibt dabei längere Zeit auf einer Stelle sitzen. *Lebensraum:* Feuchte Gräben, Ufer von Teichen, aber auch auf Flächen mit Brennnesseln oder Getreidefelder. *Vorkommen:* In Deutschland häufiger, weit verbreiteter Brutvogel. In unserem Raum auch regelmäßiger Brutvogel (LB 200–500 Brutpaare). *Wanderungen:* Zugvogel, der im August ins tropische Afrika zieht und erst spät gegen Mitte Mai zurückkehrt. *Nahrung:* Insekten, vor allem Fliegen und Blattläuse *Brut:* Baut geflochtene Nester in Schilf oder Büsche. Das Gelege besteht aus 4 bis 5 Eiern.

Drosselrohrsänger

Größe: Viel größer als Teichrohrsänger 17–20 cm *Merkmale:* Dem Teichrohrsänger sehr ähnlich, aber viel größer und mit drosselartig kräftigem Schnabel. *Stimme:* Ruf rau krächzend „kscharr". Der Gesang erinnert entfernt an Teichrohrsänger, ist aber viel langsamer und besteht aus einer Serie von einerseits extrem tiefen knarrenden und sehr hohen Tönen: „korre–korrre—kiet–kiet". *Verhalten:* Hält sich fast immer in dichten Schilfrohrwäldern auf. Singt oft sehr ausdauernd von einer Stelle aus. *Lebensraum:* Größere Schilfrohrwälder an Seen und Teichen. *Vorkommen:* In Deutschland verbreiteter, aber nicht häufiger Brutvogel. Durch Entwässerungen und Schilfsterben starker Rückgang. In unserem Raum ehemaliger Brutvogel. Heute nur noch sehr seltener Durchzügler. *Wanderungen:* Zieht im August ins tropische Afrika und kehrt im April wieder zurück. *Nahrung:* Schmetterlinge, Käfer, Fliegen und Tausendfüßler *Brut:* Tiefe Napfnester werden zwischen Schilfstengel geflochten. Das Gelege besteht aus 3 bis 5 Eiern.

Teichrohrsänger

Größe: Etwa so groß wie Sumpfrohrsänger 13–14 cm *Merkmale:* Dem Sumpfrohrsänger äußerst ähnlich, unbedeutend kleiner und rötlicher. *Stimme:* Ruft auch unauffällig „tschäk". Der Gesang ist jedoch viel langsamer und sehr gleichförmig, stereotyp „tiritiri–zäm–zäm–zäm". *Verhalten:* Bleibt auch während des Gesangs fast ständig in Bewegung. *Lebensraum:* Viel stärker an Schilfflächen gebunden als der Sumpfrohrsänger, an Seen, Teichen und Flüssen. *Vorkommen:* In Deutschland häufiger, weit verbreiteter Brutvogel. Aufgrund von Lebensraumzerstörungen teilweise erhebliche Bestandseinbußen. In unserem Raum regelmäßiger Brutvogel (LB 60–80 Brutpaare). *Wanderungen:* Zieht im September ins tropische Afrika und kehrt Ende April wieder zurück. *Nahrung:* Insekten, vor allem Fliegen, aber auch kleine Schnecken. *Brut:* Tiefe Napfnester werden zwischen Schilfstengel geflochten. Das Gelege besteht aus 3 bis 5 Eiern.

Schilfrohrsänger

Größe: Kleiner als Teichrohrsänger 12–13 cm *Merkmale:* Dieser kleinere Rohrsänger ist an der dunkelbraunen Kopfkappe und dem hellen Überaugenstreifen gut erkennbar. Der bräunliche Rücken ist dunkel gestreift. *Stimme:* Warnt mit „tschäk" und kennzeichnendem „därrr". Der Gesang mit ähnlichen Rufen, aber auch mit flötenden, trillernden und schwätzenden Lauten wird manchmal während des Balzfluges vorgetragen. *Verhalten:* Hält sich oft in offeneren Bereichen von Seeufern mit niedriger Vegetation auf. *Lebensraum:* Ufer von Seen, Teichen und Flüssen, oft mit hohem Gras und niedrigeren Seggenbeständen. *Vorkommen:* In Deutschland ein vor allem im Norden und Osten verbreiteter Brutvogel, dessen Bestände aber sehr abgenommen haben. In unserem Raum ehemaliger Brutvogel, heute nur noch sehr unregelmäßiger Durchzügler. *Wanderungen:* Zieht im September ins tropische Afrika und kehrt im April wieder zurück. *Nahrung:* Insekten und Spinnen. *Brut:* Baut das Nest recht niedrig in dichte Vegetation. Das Gelege besteht aus 4 bis 6 Eiern.

Sumpfrohrsänger
R – Kornwestheim Mai 2011

Teichrohrsänger
– Waghäusel Mai 2002

Drosselrohrsänger
– Griechenland Mai 1996

Schilfrohrsänger
– Kuwait Juni 2006

Seggenrohrsänger

Größe: So groß wie Schilfrohrsänger 12–13 cm *Merkmale:* Dem Schilfrohrsänger sehr ähnlich. Zusätzlich zu den hellen Überaugenstreifen führen ein Scheitelstreif und zwei helle Rückenstreifen zu einem helleren und mehr streifigen Aussehen. Die Brust ist zur Brutzeit fein gestrichelt. *Stimme:* Warnt ähnlich wie Schilfrohrsänger, aber härter „därr". Der Gesang ist einfach und enthält neben den Warnrufen flötende Elemente. Singt oft erst spät abends. *Verhalten:* Viel heimlicher als Schilfrohrsänger *Lebensraum:* Bevorzugt nasse Wiesen mit niedriger, vorwiegend aus Seggen bestehender Vegetation. *Vorkommen:* In Deutschland extrem seltener Brutvogel im äußersten Nordosten, weltweit stark gefährdet. In unserem Raum neben alten Nachweisen nur eine neue Beobachtung (Vördere April–1987). *Wanderungen:* Seggenrohrsänger ziehen im August nach Westafrika und kehren im April wieder zurück. *Nahrung:* Insekten und Spinnen *Brut:* Baut das Nest dicht über dem feuchten Boden. Das Gelege besteht aus 4 bis 6 Eiern.

Rohrschwirl

Größe: Etwas größer als Feldschwirl 14–16 cm *Merkmale:* Größer, dunkler und einfarbiger als Feldschwirl. Ähnelt etwas einem Teichrohrsänger, mit sehr undeutlichem, hellem Überaugenstreif. Die Unterschwanzdecken sind undeutlich hell geschuppt. *Stimme:* Ruf „tschik". Der Gesang ist ein lang anhaltendes, tiefes Schnurren. *Verhalten:* Meistens scheu und heimlich, singt aber oft längere Zeit frei sitzend an einem Schilfstängel. *Lebensraum:* Teiche und Seen mit großen Rohrwäldern sowie Verlandungszonen mit niedriger Vegetation. *Vorkommen:* In Deutschland seltener, im Nordosten aber weit verbreiteter Brutvogel. In unserem Raum sehr seltener Ausnahmegast. *Wanderungen:* Zieht im August ins tropische Afrika und kehrt im April zurück. *Nahrung:* Insekten und Spinnen *Brut:* Baut Nester dicht über dem feuchten Boden. Das Gelege besteht aus 4 bis 5 Eiern.

Feldschwirl

Größe: Etwas kleiner als Teichrohrsänger 12–14 cm *Merkmale:* Schwirle sind nah mit den Rohrsängern verwandt, sehr heimlich und aufgrund ihrer Färbung gut getarnt. Ihre Gesänge sind schwirrend und lang anhaltend. Der Feldschwirl ist oberseits olivbraun gefärbt mit schwärzlichen Flecken und Stricheln, unterseits hell rahmfarben. *Stimme:* Der Gesang ist ein heuschreckenartiges, oft minutenlanges Schwirren, das manchmal, wenn der Vogel atmet durch einen „Schluckauf" unterbrochen wird. *Verhalten:* Scheu und heimlich, fast immer in der Vegetation verborgen. Feststellungen fast nur anhand singender Vögel. *Lebensraum:* Offene, feuchte Landschaften mit Hecken, Büschen und dichter Krautschicht an Waldrändern, Seen und Teichen. Auf dem Zug in Gärten. *Vorkommen:* In Deutschland verbreiteter nicht häufiger Brutvogel. In unserem Raum sehr seltener Brutvogel (LB bis 30 Brutpaare). *Wanderungen:* Zieht im August ins tropische Afrika und kehrt Anfang April zurück. *Nahrung:* Insekten und Spinnen *Brut:* Baut Bodennester. Das Gelege besteht aus 4 bis 5 Eiern.

Schlagschwirl

Größe: Etwas größer als Feldschwirl 14–16 cm *Merkmale:* Dem Rohrschwirl recht ähnlich, aber dunkler graubraun mit undeutlichen dunklen Stricheln auf Kehle und Brust. Die Unterschwanzdecken erscheinen weiß geschuppt durch die hellen Federränder. *Stimme:* Ruft unauffällig „zr". Der langanhaltende Gesang klingt „wetzend" wie „dsche–dsche–dsche" *Verhalten:* Weniger heimlich als der Feldschwirl. Singt manchmal gut sichtbar in einem Baum. *Lebensraum:* Waldränder, Lichtungen, Heckenstreifen und Sümpfe mit dichter Krautschicht. *Vorkommen:* In Deutschland seltener Brutvogel im Osten mit Ausbreitungstendenz nach Westen. In unserem Raum extrem seltener Durchzugsgast, Nachweise nur von singenden Schlagschwirlen. *Wanderungen:* Zieht im August nach Südafrika und kehrt Anfang Mai zurück. *Nahrung:* Insekten und Spinnen *Brut:* Baut Nester dicht über dem feuchten Boden. Das Gelege besteht aus 4 bis 6 Eiern.

Seggenrohrsänger
– Ungarn Juni 2006

Feldschwirl
– Niedersachsen Mai 2011

Rohrschwirl
– Ungarn Juni 2003

Schlagschwirl
–Bayern Mai 2004

183

Wasseramsel

Größe: Sichtbar kleiner als Amsel 18–20 cm *Merkmale:* Drosselähnlicher, kurzschwänziger, kompakter Vogel, auf der Kehle und der Brust unübersehbar leuchtend weiß. Das Gefieder ist sonst rußschwarz, am Kopf und unter der Brust etwas rotbräunlich. Jungvögel sind oberseits mausgrau, unterseits heller. *Stimme:* Ruf: „drzscht". Der teilweise laute Gesang enthält eine Fülle von schmatzenden, zwitschernden und gurgelnden Elementen. *Verhalten:* Der einzige europäische Singvogel, der schwimmt und taucht. Sitzt gern auf Steinen in Bächen und stürzt sich von dort gegen die Strömung ins Wasser. Sucht auf dem Boden der Bäche nach Beute. *Lebensraum:* Schnell fließende Bäche *Vorkommen:* In Deutschland weit verbreitet. In unserem Raum wohl regelmäßiger Brutvogel in sehr geringer Zahl, etwa an der Körsch (LB unter 20 Brutpaare). *Wanderungen:* Jahresvogel *Nahrung:* Insektenlarven, Kleinkrebse, Käfer, Schnecken und Würmer. *Brut:* Baut das kugelförmige Nest in Höhlungen, auch Nistkästen. Das Gelege besteht aus 4 bis 6 Eiern.

Blaukehlchen

Größe: Etwas größer als Rotkehlchen (S. 34) 13–14 cm *Merkmale:* Wie das Rotkehlchen schlank und hochbeinig, aber größer und mit auffälligen hellen Überaugenstreifen. Die Kehle des Männchens ist azurblau mit weißem Fleck, dem Stern. Die Kehle ist schwarz und rotbraun eingerahmt, der Bauch ist hellgrau. Bei fliegenden Blaukehlchen ist die rotbraune Schwanzwurzel oft auffällig. *Stimme:* Ruf: unauffällig „trak". Gesang sehr vielseitig mit schmatzenden, gepreßten und flötenden Elementen. *Verhalten:* Männchen singen oft gut sichtbar auf hohen Singwarten. Ansonsten oft heimlich im Unterholz. *Lebensraum:* Feuchte Gräben und Uferbereiche von Seen und Teichen. *Vorkommen:* In Deutschland lückenhaft verbreiteter Brutvogel, am häufigsten im Norden. In unserem Raum unregelmäßiger, seltener Durchzügler. *Wanderungen:* Blaukehlchen verbringen den Winter im Mittelmeerraum. Sie kehren im März wieder zurück. *Nahrung:* Insekten, im Herbst auch Beeren. *Brut:* Baut das Nest auf dem Boden. Das Gelege besteht aus 4 bis 6 Eiern.

Gebirgsstelze

Größe: Etwas größer als Bachstelze (S. 74) 17–20 cm *Merkmale:* Oberseits graue, unterseits weißliche bis kräftig zitronengelbe Stelze mit extrem langem Schwanz. Das Männchen hat zur Brutzeit eine schwarze Kehle. *Stimme:* Ruf : scharf „zississ" oder „zickick". Der Gesang besteht aus ähnlichen Elementen. *Verhalten:* Hält sich bevorzugt am Ufer oder auf Steinen von Bächen auf. Aufgrund des sehr langen Schwanzes ist der Flug extrem bogenförmig. *Lebensraum:* Zur Brutzeit meistens Bäche. Sonst auch an Seen und Teichen. *Vorkommen:* In Deutschland weit verbreiteter, vielfach recht häufiger Brutvogel. In unserem Raum regelmäßiger Brutvogel (LB 50–100 Brutpaare). *Wanderungen:* Jahresvogel und Winterflüchter. *Nahrung:* Insekten, im Wasser lebende Insektenlarven, Kleinkrebse und Schnecken. *Brut:* Baut Nester in Höhlungen am Ufer, auch Mauerlöcher und Nistkästen. Das Gelege besteht aus 5 bis 7 Eiern.

Rohrammer

Größe: Etwas kleiner als Goldammer (S. 78) 14–16 cm *Merkmale:* Das Männchen ist zur Brutzeit sehr leicht an dem schwarzen Kopf, der schwarzen Kehle sowie dem weißen Halsband und dem weißen Bartstreif zu erkennen. Der Rücken ist dunkelbraun gestreift, die Unterseite hellgrau. Die Weibchen sind wesentlich unauffälliger braun gefärbt. Auf der Oberseite hell und dunkel gestreift sowie mit heller, dunkel gestrichelter Unterseite. *Stimme:* Typischer Ruf: „ssiup". Der Gesang ist eine kurze Strophe etwa wie „schrip–schrip–tschitschi–träh". *Verhalten:* Hält sich im Brutgebiet oft auf Büschen und niedrigen Bäumen auf, auf dem Zug und zur Nahrungssuche meistens am Boden. *Lebensraum:* Uferbereiche von Seen, Teichen oder Flüssen. Auch an feuchten Gräben mit Schilf auf landwirtschaftlichen Flächen. *Vorkommen:* In Deutschland häufiger, weit verbreiteter Brutvogel. In unserem Raum regelmäßiger Brutvogel (LB etwa 60 Brutpaare) und Durchzügler. *Wanderungen:* Sommervogel, vereinzelt im Winter. *Nahrung:* Insekten und Sämereien. *Brut:* Baut Nester in der Bodenvegetation. Das Gelege besteht aus 3 bis 5 Eiern.

Wasseramsel
🌍 – Bayern April 2007

Gebirgsstelze
🌍 – Azoren Mai 2012

Blaukehlchen
🌍 – Bayern April 2010

Rohrammer
R – Ludwigsburg Mai 2009

Der Autor

Rainer Christian Ertel (Jahrgang 1944) begann mit 13 Jahren, die Vogelwelt in der Nähe seines süddeutschen Wohnortes in Esslingen zu beobachten. Studium der Biologie und Chemie an den Hochschulen Stuttgart und Hohenheim mit Promotion 1972.

1972 bis 1975 wissenschaftlicher Mitarbeiter der Staatlichen Vogelschutzwarte in Ludwigsburg, Institut für angewandte Ornithologie. 1972 bis 1986 Vorstandsmitglied der Deutschen Sektion des Internationalen Rates für Vogelschutz, heute "Birdlife International". 1979 bis 1985 Bundesgeschäftsführer des Deutschen Bundes für Vogelschutz, heute Naturschutzbund Deutschland. Als Biologielehrer im Schuldienst von 1975 bis 1979 und in Remseck am Neckar von 1985 bis 2001.

Reiseleiter vogelkundlicher Studienreisen vor allem in Europa und Afrika, aber auch in Südamerika und Asien. Private Reisen auch in andere Kontinente.

Kontakt – africa.mara@gmx.de

Ein Buch ohne Fehler ist ein Traum der meisten Autoren, der nur selten in Erfüllung geht. Wir gehen daher davon aus, dass trotz aller Bemühungen nicht alle Fehler ausgemerzt sind. Deshalb sind wir dankbar für Hinweise auf alles, was man hätte besser oder richtiger machen können. Natürlich freuen wir uns auch über positive Kommentare und beantworten soweit möglich Fragen aller Art.
Vielleicht gibt es ja eine neue Auflage dieses Buches. Da besteht die Möglichkeit Fehler zu korrigieren und Bilder auszutauschen.

Verlag und Autor

Danksagung

Die Sammlung vieler ornithologischer Daten, die hier eingeflossen sind, wurde seit über 15 Jahren von der Gemeinde/Stadt Remseck unterstützt. Darüberhinaus danke ich den Verwaltungen von Remseck, Fellbach, Ludwigsburg und Stuttgart für die Genehmigungen, gesperrte Feldwege befahren zu dürfen. Die Realisierung von Fotografien scheuer Vogelarten war oft nur so möglich.

Allen anderen Fotografen, bin ich dankbar dafür, daß sie mir ihre Bilder zur Verfügung gestellt haben. Besonders herauszuheben sind:

>Hans Jürgen Duchert
>Pekka Fagel
>Hans-Joachim Fünfstück
>Axel Halley
>Christoph Moning und
>Ralf Northe

Ich danke Frau Friederike Woog dafür, daß sie mir Bälge aus der Sammlung des Staatlichen Museum für Naturkunde in Stuttgart zur Verfügung gestellt hat. Für die vielfache Beratung an dem Konzept danke ich den ornithologischen Regionalkoordinatoren des Landkreises Ludwigsburg, Ann Marie Ackermann und Ronald Meinert. Das gilt in besonderer Weise auch für den jahrzehntelangen Meinungsaustausch über Ornithologie und Naturschutz mit meinem Freund Claus König.

Herauszuheben ist auch die unendliche Mühe, die sich Carolin Zimmermann bei der Gestaltung der Karte auf der Doppelseite 20/21 gegeben hat.
Das Ziel, dieses Buch zu einem sehr günstigen Preis zu realisieren, war nur durch die finanzielle Unterstützung der Stadt Remseck, der NABU-Ortsgruppen Remseck-Poppenweiler und Kornwestheim sowie der Firma Schwegler in Schorndorf möglich.

Schließlich habe ich Herrn Matthias Schliermann, Fauna Verlag, für das Entgegenkommen zu danken, mit viel Mühe an einem Projekt zu arbeiten, mit dem keine nennenswerten kommerziellen Ziele verbunden sind. Er hatte immer viel Geduld, Probleme auszudiskutieren, mich von unpassenden Lösungen abzubringen und ein optimales Ergebnis anzustreben.

Rainer Christian Ertel

Register

Fotonachweise
(oben-mitte-unten o-m-u, links rechts l-r)

Achtermann, Sven - Hildesheim 089-ur
Ackermann, Ann Marie - Bönnigheim 014-ml 075-ul
Aeschlimann, Ruedi - Schweiz 177-ol
Carlsen, Finn - Dänemark 038-ur
Duchert, Hans Jürgen - Freiberg
031-or 033-ul 053-ol 057-ur
079-ol 107-or 143-ul 161-ur 163-ol
Ebert, Andreas - München 033-ol
Ertel, Margarete - Remseck 127-ol
Ertel, Rainer Christian - Remseck alle übrigen Bilder
Fagel, Pekka - Finnland
053-ur 059-ur 061-ul 073-ul
091-ol 093-ul 095-ul 097-ul 119-ol
157-ml 161-or 163-or 163-ur
169-or 173-or 173-ul 175-mr 181-ur
Ferdinand, Johannes - Bad Soden 115-ol 177-ul
177-ml 183-ur
Fünfstück, Hans-Joachim - Garmisch-Partenkirchen
029-ul 037-or 061-ur 091-ur
095-ur 111-ur 119-ur 143-or 185-or
Gauger, Kai - Greifswald 137-ml
Grimm, Martin - Wiesenburg 131-ol
Halbauer, Jens - Werdau 113-ur
Halley, Axel - Hamburg 057-ol-or 085-ul
093-ol 119-ul
Heuer, Peter Ulrich - Bad Salz-Uflen 147-or
Knöpfler, Denis - Hofheim am Taunus 087-ul
König, Claus - Ludwigsburg 014- 015-
029-or 043-ul-ur 051-ul-ur 069-or
105-ur 113-ul 117-ol-ul 163-ul 173-ur
Kronbach, Dieter - Limbach-Oberfrohna 173-ul-or
Kuppel, Thomas - Bremen 183-or
Mahler, Ulrich - Neulußheim 093-ur
Martin, Ralph - Bodnegg 115-or-ur 175-ml
Mathe, Bernd - Kornwestheim 041or
Moning, Christoph - Freising 041-ur 051-ur-or
055-ur 075-ur 083-ul
117-ur 137-mr-ul 179-ur 185-ul
Morris, Pete - England 165-ur
Northe, Ralf - Markgröningen 059-ol 069-ol 093-ml
143-ur 185-ur
Nüssen, Oliver - Bremen 119-or
Oláh, János - Ungarn 099-mr
Parkkinen, Pasi - Finnland 149-ul
Sørensen, Helge - Schweden 157-mr
Zimmermann, Carolin - Remseck 014-ol 049-ol
137-ol

Im Fauna Verlag ebenfalls erschienen ...

Klaus Philipp

Vogelstimmen – an Volksmundversen erkennen

Ein ungewöhnliches, originelles und amüsantes Buch über die Gesänge unsrer Vögel und deren Bedeutung in regionalen Volksmundversen und im Liedgut. Seit der 2. Auflage um weitere Beiträge von Lesern erweitert und vollständig neu bearbeitet von einem Kenner der heimischen Vogelwelt.

3. Aufl., 150 Seiten, 120 Federzeichnungen. 20,5 x 14,5 cm.
Softcover, folienkaschiert, ISBN 978-3-935980-14-2   Preis: **14,95 €**

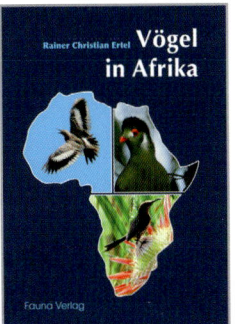

Rainer Christian Ertel

Vögel in Afrika –
Ein fotografischer Naturführer für Afrika

Über 1.300 Vogelarten, die in Afrika brüten oder Afrika nur als Durchzügler und Gäste besuchen, sind auf ebenso vielen Farbfotografien abgebildet, die alle in freier Natur entstanden sind. Über Merkmale, Verbreitung und Stimme informieren prägnante Kurztexte und Verbreitungskarten. Das Buch hilft, die meisten Vögel in den wichtigsten Reiseländern Afrikas zu bestimmen.

400 Seiten, über 1.330 Farbfotos & 1.200 Verbreitungskarten,
21,0 x 15,0 cm, Fadenheftung, Flexeinband,
ISBN 978-3-935980-18-0   Preis: **49,00 €**

Frieder Sauer

Vogelnester –
nach Farbfotos erkannt

Gelege, Sperrrachen, Dunenkleider. Der einzige deutschsprachige Naturführer über die Kinderstuben unserer heimischen Vogelwelt. Nicht nur für Vogelliebhaber, Forst- und Landwirte und Naturfreunde.

332 Seiten, 386 Farbfotos,
20,5 x 14,5 cm. Softcover, folienkaschiert
ISBN 978-3-935980-09-8   Preis: **24,50 €**

Eberhard von Hagen / Ambros Aichhorn

Hummeln –
bestimmen, ansiedeln, vermehren, schützen

Mit einem Vorwort von **HEINZ SIELMANN**.
Der Klassiker in einer überarbeiteten 5. Auflage und in neuem Gewand. Auch die in den Alpen vorkommenden Arten sind damit bestimmbar. Neue Tips und Tricks, Bauanleitungen für Nistkästen und aktualisierte Bezugsquellen.

325 Seiten, 152 Farbfotos, 120 Farbzeichnungen.
18,5 x 11,5 cm, Hardcover, ISBN 978-3-935980-28-9   Preis: **29,00 €**